T0224744

Patch-Clamp-Technik

Fabian C. Roth · Markus Numberger ·
Andreas Draguhn

Patch-Clamp-Technik

Mit einem Geleitwort von Bert Sakmann

2. Auflage

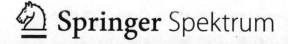 Springer Spektrum

Fabian C. Roth
Department of Molecular Medicine
Institute of Basic Medical Sciences
University of Oslo
Oslo, Norway

Andreas Draguhn
Institut für Physiologie und
Pathophysiologie , Medizinische Fakultät
Universität Heidelberg
Heidelberg, Baden-Württemberg
Deutschland

Markus Numberger
GF, Health Content
Kandel, Rheinland-Pfalz, Deutschland

Foreword by
Bert Sakmann
Max-Planck-Institut für biologische
Intelligenz
Martinsried, Deutschland

ISBN 978-3-662-66052-2   ISBN 978-3-662-66053-9   (eBook)
https://doi.org/10.1007/978-3-662-66053-9

Die Deutsche Nationalbibliothek verzeichnet diese Publikation in der Deutschen Nationalbibliografie; detaillierte bibliografische Daten sind im Internet über http://dnb.d-nb.de abrufbar.

1. Aufl.: © Spektrum Akademischer Verlag 1996
2. Aufl.: © Der/die Herausgeber bzw. der/die Autor(en), exklusiv lizenziert an Springer-Verlag GmbH, DE, ein Teil von Springer Nature 2023

Ursprünglich erschienen bei Spektrum Akademischer Verlag, Heidelberg, 1996

Planung/Lektorat: Sarah Koch
Springer Spektrum ist ein Imprint der eingetragenen Gesellschaft Springer-Verlag GmbH, DE und ist ein Teil von Springer Nature.
Die Anschrift der Gesellschaft ist: Heidelberger Platz 3, 14197 Berlin, Germany

Geleitwort

„Patch pipettes will be more useful than initially thought." Diese Voraussage von Fred Sigworth hat sich in der Tat bewahrheitet. Ursprünglich dienten Patch-Pipetten zur Messung von „elementaren" Strömen durch einzelne Ionenkanäle in der Membran von Muskelfasern des Frosches. Heute benutzen Elcktrophysiologen Patch-Pipetten zur Untersuchung von Membranströmen, -potentialen und -kapazitäten in so unterschiedlichen Präparaten wie Erythrozyten, Pflanzenzellen und Neuronen. Erweiterte Anwendungen der Patch-Clamp-Technik erlauben inzwischen, diese Prozesse mit mehreren Pipetten in natürlichen Geweben und sogar in Tieren während des Verhaltens zu messen. In Kombination mit modernen bildgebenden Verfahren rückt damit ein detailliertes Verständnis der Signalflüsse in komplexen Netzwerken wie der Hirnrinde in Reichweite. Das vorliegende Buch gibt einen kompetenten Überblick über die weitgespannten Möglichkeiten, elektrische Signale in lebendem Gewebe mit hoher Auflösung zu registrieren und die „Gespräche" von Zellen untereinander sozusagen zu „belauschen".

Bert Sakmann

Vorwort

1991 wurden Erwin Neher und Bert Sakmann mit dem Nobelpreis für Physiologie und Medizin ausgezeichnet – als Anerkennung für ihre Arbeiten zur „Funktion einzelner zellulärer Ionenkanäle". 15 Jahre vorher hatten sie eine Methode entwickelt, mit der sich der Strom durch einzelne Ionenkanäle in der Membran lebender Zellen messen lässt. Eine Entdeckung, die nach Auffassung des deutsch-britischen Neurophysiologen und Nobelpreisträgers Bernard Katz „sowohl hinsichtlich der ästhetischen Befriedigung als auch der wissenschaftlichen Bedeutung für die Biologie dem Nachweis atomarer Teilchen vor 50 Jahren gleichkommt".

Die Patch-Clamp-Technik ist heute eine der wichtigsten neurophysiologischen Arbeitsmethoden. Ihre Anwendung hat in der biomedizinischen Grundlagenforschung bedeutende Erkenntnisse über die Funktion und die Eigenschaften von Ionenkanälen erbracht, und auch aus der angewandten pharmakologischen Forschung ist sie inzwischen nicht mehr wegzudenken. Aus diesen Gründen spielt die Methode in der theoretischen und praktischen Ausbildung von Studierenden der Biologie, Biochemie, Medizin und Pharmazie und im Rahmen von Bachelor-, Master- und Doktorarbeiten heute eine wichtige Rolle.

Das vorliegende Buch richtet sich an fortgeschrittene Studierende der genannten Fächer sowie an Wissenschaftlerinnen und Wissenschaftler, welche die Technik besser verstehen und/oder sich aneignen wollen. Es gibt konkrete Antworten auf die wichtigsten dabei auftretenden Fragen, zum Beispiel: Was versteht man genau unter „Patchen"? Welche Anwendungsmöglichkeiten bietet die Patch-Clamp-Technik? Wie baut man einen entsprechenden Messstand auf? Wie geht man bei Patch-Clamp-Experimenten praktisch vor?

Seit der ersten Auflage dieses Buches, die vor mehr als 25 Jahren erschienen ist, hat sich einiges verändert, und natürlich hat sich auch die Patch-Clamp-Technik weiterentwickelt. Daher sind fast alle Abbildungen neu, und auch die meisten Kapitel mussten weitgehend umgeschrieben werden. Einiges, wie die speziellen Anwendungen in Kap. 6 oder das Kap. 7 über die Dokumentation und Verarbeitung von Daten, sind hinzugekommen. Auch in dieser Auflage haben wir versucht, den Einstieg in die Fachliteratur zu erleichtern, indem wir besonders relevante klassische und wichtige aktuelle Veröffentlichungen jeweils am Ende der Kapitel zitieren.

Insgesamt wollten wir unseren ursprünglichen Ansatz beibehalten und eine praktische Anleitung und ein Lehrmittel schaffen, das diese Arbeit für Lehrende wie Lernende wirklich erleichtert. Wir hoffen, dass uns dies, auch dank der Unterstützung durch zahlreiche Kolleginnen und Kollegen, gelungen ist. Für eventuelle Fehler sind selbstverständlich wir verantwortlich – Kritik und Verbesserungsvorschläge nehmen wir gerne entgegen.

Oslo	Fabian C. Roth
Kandel	Markus Numberger
Heidelberg	Andreas Draguhn
im Dez. 2022	

Danksagung

Da wir möglichst viele und konkrete praktische Tipps in den Text aufnehmen wollten, haben wir Teile des Manuskripts an Freunde und Kollegen verschickt. Für die sorgfältige Durchsicht und die zahlreichen Ratschläge, Ergänzungen und zur Verfügung gestellten Abbildungen möchten wir allen Helfern an dieser Stelle herzlich danken. Namentlich seien hier (in alphabetischer Reihenfolge) hervorgehoben:

1. Auflage: Dr. Thomas Berger (Freiburg), Dr. Gabi von Blankenfeld (Stockholm), Astrid Düerkop (Berlin), Dr. Claudia Eder (Berlin), Dr. Siegrun Gabriel[†] (Berlin), Prof. Dr. Helmut Haas (Düsseldorf), Patricia Hoffmann (Berlin), Dr. Frank Kirchhoff (Berlin), Kerstin Lehmann (Berlin), Carsten Ohlemeyer (Berlin), Prof. Dr. Peter Ruppersberg (Tübingen), Dr. Rudolf Schubert (Rostock), Sebastian Schuchmann (Berlin), Dr. Monika Stengl (Regensburg), Dr. Peter Stern (Frankfurt), Prof. Dr. Walter Stühmer (Göttingen) und Dr. Heinz Terlau (Göttingen).

2. Auflage: Isabella Boccuni (Heidelberg), Dr. Claus Bruehl (Heidelberg), Dr. Alexei Egorov (Heidelberg), Bernd Polder (Tamm), PD Dr. Andre Rupp (Heidelberg) und Carina Knudsen (Oslo).

Außerdem möchten wir uns an dieser Stelle herzlich bei den Mitarbeitern und Mitarbeiterinnen des Springer-Verlags, Heidelberg, für die professionelle und geduldige Begleitung bedanken.

Unser spezieller Dank gilt Prof. Dr. Erwin Neher für die kritische Durchsicht des Manuskripts der 1. Auflage und seine wertvollen Hinweise und Verbesserungsvorschläge, Prof. Dr. Bert Sakmann, der sich freundlicherweise bereit erklärt hat, ein Geleitwort zu verfassen, und Prof. Uwe Heinemann[†] (Berlin), ohne dessen wohlwollende Unterstützung die 1. Auflage nicht möglich gewesen wäre.

Fabian C. Roth
Markus Numberger
Andreas Draguhn

Inhaltsverzeichnis

Abkürzungsverzeichnis

A/D-Wandler	Analog-Digital-Wandler
AC	Wechselstrom (alternating current)
AChR	Acetylcholinrezeptor
ADC	Analog-Digital-Wandler (analog-to-digital-converter)
AIS	Axon Initialsegment
BAPTA	Calcium-spezifische Aminopolycarbonsäure (Ca^{2+}-Puffer)
C	Kapazität
CC	Current-Clamp
C_f	Feedback-Kapazität
C_m	Membrankapazität
CNG	cyclic nucleotide-gated
C_{pip}	Pipettenkapazität
DAC	Digital-Analog-Wandler (digital-to-analog-converter)
DC	direct current
DIC	differential interference contrast
DMSO	Dimethylsulfoxid
dSEVC	discontinuous single-electrode voltage clamp
E	Gleichgewichtspotential
EEG	Elektroenzephalogramm
EGTA	Ethylenglycol-bis(aminoethylether)-tetraessigsäure (Ca^{2+}-Puffer)
E_{ion}	Gleichgewichtspotential für bestimmte Ionen
EKG	Elektrokardiogramm
ELN	electronic lab notebook
EMG	Elektromyogramm
ENG	Elektroneurografie
EPSC	Exzitatorischer postsynaptischer Strom
EPSP	Exzitatorisches postsynaptisches Potential
G	Leitfähigkeit
G_m	Membranleitfähigkeit
HCN	hyperpolarization activated and cyclic nucleotide gated
HEPES	2-Ethansulfonsäure (pH-Puffer)
I	Strom
I_{com}	Kommandostrom
I_{dc}	Strom aus Dynamic-Clamp Modell

I_{hold}	Haltestrom
I_{inj}	Injizierter Strom
I_{max}	Maximaler (gemessener) Strom
IPSC	Inhibitorischer postsynaptischer Strom
IPSP	Inhibitorisches postsynaptisches Potential
IR	Infrarot
IR-DIC	infrared differential interference contrast
I-V-Converter	Strom-Spannungs-Wandler
LFP	Lokales Feldpotential
LJP	Übergangspotential (liquid junction potential)
MEAs	Multielektrodenarrays
MEG	Magnetenzephalogramm
NMDG	N-Methyl-D-Glutamin
OPA	Operationsverstärker (operational amplifier)
PCR	Polymerase Kettenreaktion (polymerase chain reaction)
PSP	Postsynaptisches Potential
PTFE	Polytetrafluorethen
qPCR	quantitative PCR
R	Widerstand
R_f	Feedback-Widerstand
R_m	Membranwiderstand
R_{pip}	Pipettenwiderstand
R_s	Serienwiderstand
RT	Reverse Transkription
SEVC	single-electrode voltage clamp
TEVC	two-electrode voltage clamp
Tris	Tris(hydroxymethyl)aminomethan (pH-Puffer)
TTX	Tetrodotoxin
U	Spannung
U_{aus}	Ausgangsspannung (am OPA)
U_{inj}	Spannungssignal für Strominjektion
U_m	Membranpotential
U_{pip}	Pipettenpotential
U_{soll}	Sollpotential
UV	Ultraviolett
VC	Voltage Clamp
WD	Arbeitsabstand (working distance)
WI	Wasserimmersion
ZNS	Zentralnervensystem

Die Entwicklung der Patch-Clamp-Technik

Elektrische Vorgänge an biologischen Membranen sind universal verbreitet. Sie tragen zu elementaren Funktionen der Osmoregulation, des Stoffwechsels und der Exozytose bei, besonders aber auch zur elektrischen Signalübertragung in Neuronen, Sinnes- und Muskelzellen. Kurz: Ohne Kenntnis elektrophysiologischer Mechanismen sind zahlreiche Lebensvorgänge (und deren Störung bei Krankheiten) nicht zu verstehen.

Für die Funktion von Nerven- und Muskelzellen sind unter anderem Ionenströme notwendig, die durch Ionenkanäle fließen. Bei jeder unserer Bewegungen, jedem Sinneseindruck, jedem Gedanken und bei jedem Herzschlag öffnen und schließen sich solche Ionenkanäle. Sie spielen nicht nur bei elektrisch erregbaren Zellen eine wichtige Rolle, sondern sind in den Zellmembranen aller tierischen und pflanzlichen Organismen, in den Membranen einiger ihrer Organellen und auch bei Mikroorganismen vorhanden. Mit der Patch-Clamp-Technik, die wir in diesem Buch vorstellen wollen, können einzelne Ionenkanäle, aber auch Ströme durch die gesamte Zellmembran detailliert untersucht werden. Sie ist seit ihren Anfängen in den 1970er-Jahren inzwischen zu einer weitverbreiteten Standardmethode für die Messung elektrischer Vorgänge in Zellen geworden. In diesem Buch wollen wir ihre theoretischen Grundlagen, die praktische Durchführung und die vielfältigen Anwendungsmöglichkeiten kompakt und „nutzerfreundlich" darstellen.

1.1 Bioelektrizität

Dass Nerven- und Muskelzellen mithilfe von elektrischen Signalen arbeiten, ist eine relativ alte Erkenntnis. So glaubte bereits der italienische Arzt und Naturforscher Luigi Galvani (1727–1798) in seinem 1791 veröffentlichten Buch *De viribus electricitatis in motu muscularis commentarius* an das Vorhandensein einer „tierischen Elektrizität". Er konnte sie aber trotz zahlreicher Experimente nie

F. C. Roth et al., *Patch-Clamp-Technik*, https://doi.org/10.1007/978-3-662-66053-9_1

schlüssig beweisen. Er stellte sich vor, dass die Oberfläche des Muskels mit „der einen", sein Inneres mit „der anderen" Elektrizität geladen sei und der Nerv, der in das Innere eintritt, eine leitende Brücke dazwischen bildet. Erst 1838 gelang es dem Italiener Carlo Matteucci (1811–1868), den elektrischen Strom eines Muskels direkt zu messen. Er behauptete, dass die Oberfläche eines Muskels positive, sein Inneres negative Spannung besäße.

Durch die umfassenden Untersuchungen über tierische Elektrizität (zwischen 1848 und 1884) von Emil du Bois-Reymond (1818–1896), Direktor des Instituts für Physiologie der Charité in Berlin, wurde schließlich die wissenschaftliche Elektrophysiologie begründet. Du Bois-Reymond maß den Nerven- und Muskelstrom mit Zink-/Zinksulfatelektroden und zeigte, dass bei Reizung eines Nerven oder Muskels eine „negative Schwankung" dieses Stroms auftritt, also „dass jede Stelle des Muskels, welche sich in Erregung befindet, sich negativ gegen eine ruhende Stelle verhält" (nach Bernstein 1912). Außerdem widerlegte er die bis dahin geltende Überzeugung, dass Nerven nur in eine Richtung leiten könnten. Zwei Jahre später bestimmte der Berliner Physiker und Physiologe Hermann von Helmholtz (1821–1894) die Geschwindigkeit der Reizleitung im Froschnerv auf 26–30 m/s . Wie Zellen jedoch solche elektrischen Phänomene erzeugen, blieb noch lange Zeit völlig unbekannt.

1.2   Die Ionentheorie

Ende des 19. Jahrhunderts postulierte man bereits, dass Zellen ein leitfähiges Zytoplasma und eine Zellmembran aus Lipiden besitzen, die zwar kaum elektrisch leitfähig, aber für Wasser und viele niedermolekulare Stoffe durchlässig sei. Deswegen schlug der Wiener Physiologe Ernst von Brücke (1819–1892) vor, dass in dieser Membran Kanäle enthalten sein könnten, die wie Poren den Durchtritt von Wasser erlauben, größere gelöste Stoffe aber ausschließen. Später wies der englische Physiologe William Bayliss (1860–1924) darauf hin, dass solche wassergefüllten Kanäle auch Ionen leiten könnten, ohne dass diese ihre Hydratationshülle verlieren müssten. Der deutsche Physiologe Julius Bernstein (1839–1917) entwickelte schließlich eine Hypothese, nach der die ungleiche Ionenverteilung an einer selektiv permeablen Zellmembran für das Ruhepotential verantwortlich sei. Dessen Höhe berechnete er – unter der Annahme, dass Kalium dabei die Hauptrolle spielt – auf –68 mV. Weiter schreibt er: „Das Membranpotential nimmt bei Reizung ab" und erklärt dies mit einer Zunahme der Ionenpermeabilität der Membran (Bernstein 1912). Seine fast visionäre „Membrantheorie der bioelektrischen Ströme", die er 1912 in seinem Buch *Elektrobiologie* zusammenfasste, soll aber nicht darüber hinwegtäuschen, dass bis in die 1930er-Jahre „die führenden Axonologen durch und durch skeptisch waren, sowohl was die Membrantheorie im Allgemeinen betraf, wie auch gegenüber der Theorie lokaler Ströme" (Hodgkin 1976).

1.2.1 Die Spannungsklemme

Erst Ende der 1930er-Jahre entwickelten die US-amerikanischen Biophysiker Kenneth S. Cole (1900–1984) und Howard J. Curtis (1906–1972) die Technik der Spannungsklemme (Voltage-Clamp-Technik) und wiesen damit nach, dass sich die Membranleitfähigkeit einer Nervenzelle bei Erregung erhöht. Cole (1979) erinnerte sich später an dieses klassische Experiment: „Hodgkin besuchte uns, als wir gerade die Leitfähigkeitsänderung auf dem ‚Oszi‘ hatten. Er war so aufgeregt, wie ich ihn niemals zuvor gesehen hatte und hüpfte herum, während wir es erklärten.“

Ihre Experimente schienen Bernsteins Hypothese zu bestätigen; sie zeigten deutlich, dass für die elektrischen Signale der Nervenzellen – die Aktionspotentiale – Ionenströme verantwortlich waren; sie enthüllten aber nicht, welche Ionen beteiligt waren und wie diese Ströme zustande kamen. Theoretisch könnten die Ionen passiv durch Poren in der Membran fließen oder aber von Transportermolekülen (*carriers*; Pumpen) aktiv durch die Membran bewegt werden.

1.2.2 Hodgkin und Huxley

Die beiden Engländer Alan Hodgkin (1914–1998) und Andrew Huxley (1917–2012) gingen von einem Carrier-Modell aus, als sie Mitte der 1930er-Jahre begannen, die Entstehung des Aktionspotentials am Riesenaxon des Tintenfisches zu untersuchen. Nach einer kriegsbedingten Unterbrechung veröffentlichten sie zwischen 1949 und 1952 eine Reihe von Arbeiten, in denen sie zeigten, wie ein Aktionspotential tatsächlich entsteht. Mithilfe der von Cole und Curtis entwickelten Spannungsklemme entdeckten sie, dass die neuronale Erregung durch spezifische Ströme von Natrium- und Kaliumionen durch die Zellmembran hervorgerufen wird, und konnten diese Ionenströme in einem grundlegenden mathematischen Modell rechnerisch voneinander trennen.

Hodgkin und Huxley hatten ihre Versuche durchgeführt, um die Carrier-Hypothese zu testen, mussten aber, wie Hodgkin sich später erinnerte, „enttäuscht feststellen“, dass dieses Modell offensichtlich falsch war:

> „Wir hatten mit dem Ziel angefangen, eine Carrier-Hypothese zu überprüfen, und glaubten, auch wenn diese nicht richtig war, trotzdem aus den riesigen Datenmengen, die wir gesammelt hatten, einen Mechanismus ableiten zu können. Diese Hoffnung schwand aber, je weiter die Analyse fortschritt. Wir realisierten bald, dass das Carrier-Modell bestimmte Ergebnisse nicht zu erklären vermochte, so zum Beispiel die fast lineare Strom-Spannungs-Beziehung, und dass wir den *Carrier* durch eine Art spannungsabhängiges Tor ersetzen mussten.“ (Hodgkin 1976)

Unter der Annahme solcher spannungsabhängiger und ionenselektiver „Tore“ entwickelten Hodgkin und Huxley schließlich eine Reihe von Gleichungen, mit denen sich Höhe und Zeitverlauf des Aktionspotentials erstaunlich genau erklären

ließen. Für diese Leistung erhielten die beiden Wissenschaftler 1963 den Nobelpreis für Physiologie oder Medizin (Hodgkin 1963; Huxley 1963). Hodgkin und
Huxley konnten mit ihren revolutionären Arbeiten bereits die wichtigsten Eigenschaften der spannungsabhängigen Tore voraussagen; es vergingen jedoch noch
mehr als 20 Jahre, bis man diese Tore (oder Kanäle, wie wir sie heute nennen) tatsächlich nachweisen konnte.

1.3   Die Entwicklung der Patch-Clamp-Technik

Das war in etwa der Stand der Forschung, als Bert Sakmann und Erwin Neher am
Max-Planck-Institut für Psychiatrie in München ihre Doktorarbeiten anfertigten.
1969 und 1970 erschienen dann, wie sich beide später erinnerten (Neher
und Sakmann 1992), zwei „faszinierende Arbeiten" von Ross Bean, Steven
Hladky und Denis Haydon. Diese hatten die ersten Ionenkanäle in künstlichen
Membranen beobachtet.

1.3.1   Die ersten Kanäle mit der Black-Film-Technik

Bean, Hladky und Haydon konstruierten eine Messapparatur mit zwei Kammern,
die durch eine Teflonwand getrennt waren, in der sich ein kleines Loch befand.
Die beiden Kompartimente füllten sie mit Salzlösung und strichen dann einen
Tropfen Phospholipidlösung über das Loch in der Trennwand. Das Lipid bildet
ähnlich einer Seifenblase einen dünnen Film über dem Loch, der durch die
äußeren Kräfte (Auftrieb des Öls, Wasserdruck und elektrostatische Anziehung
der beiden Wasserkörper) zu einer Lipiddoppelschicht zusammengedrückt wird.
Da diese Membran optisch schwarz erscheint, nennt man sie *black film* oder auch
nach den Erfindern Müller-Rudin-Membran.

Das Loch wird also von einer künstlichen Lipiddoppelschicht verschlossen,
die einen sehr hohen elektrischen Widerstand für Ionen bildet. Gibt man jedoch
bestimmte Proteine, wie das bakterielle Antibiotikum Gramicidin A, in die Salzlösung einer der beiden Kammern, steigt die Ionenleitfähigkeit der Membran
sprunghaft an: Das Peptid Gramicidin A lagert sich in die künstliche Membran ein
und bildet dort spontan Ionenkanäle. Diese öffnen und schließen sich nach dem
Alles-oder-nichts-Prinzip und rufen so kurzfristige, sprunghafte Änderungen des
Stroms durch die Membran hervor.

Diese Experimente zeigten zum ersten Mal das Verhalten einzelner Ionenkanäle. Es handelte sich allerdings um ein künstliches Modell und nicht um
natürliche Kanäle aus Nerven- oder Muskelzellen. Die ersten Messungen zu
solchen Kanälen stammten aus dem Labor von Bernard Katz (1911–2003), einem
gebürtigen Leipziger, der – als Jude von den Nationalsozialisten verfolgt – 1935
nach England auswanderte und später am University College in London arbeitete
(Katz 1986).

1.3.2   Rauschanalyse

Katz hatte in den 1930er-Jahren an den Versuchen von Hodgkin und Huxley mit-
gewirkt und später die Vorgänge bei der synaptischen Übertragung an der neuromuskulären Endplatte aufgeklärt, wofür er 1970 den Nobelpreis für Physiologie
oder Medizin erhielt (Katz 1970). Anfang der 1970er-Jahre konnte er zusammen
mit dem mexikanischen Neurowissenschaftler Ricardo Miledi (1927–2017) erstmals die Eigenschaften von Ionenkanälen in der Membran erregbarer Zellen
messen. Es gelang den beiden Forschern mithilfe einer indirekten und eher
unanschaulichen Methode, der sogenannten Rauschanalyse, einige der Eigenschaften des nikotinischen Acetylcholinrezeptors an der neuromuskulären
Synapse, der motorischen Endplatte, zu bestimmen.

Aus der Analyse des elektrischen Rauschens (unter „Rauschen" versteht
man hier die zufälligen Schwankungen des durch Acetylcholin induzierten
Ionenstroms) konnten die Forscher ableiten, dass ein einzelner Acetylcholinrezeptor rund 10 Mio. Ionen pro Sekunde leitet. Das war ein wichtiger Hinweis
auf den zugrunde liegenden Mechanismus. Würde nämlich der Acetylcholinrezeptor wie ein Transporter funktionieren, müsste er ein Ion in 0,1 µs durch die
Membran transportieren – eine Geschwindigkeit, die für einen solchen Transport
viel zu hoch erscheint. Daraus folgerten Katz und Miledi, dass der Strom, den man
nach der Applikation von Acetylcholin misst, nicht durch einen aktiven Transport-
prozess entstehen kann, sondern dass der Ionenstrom passiv durch Kanäle fließen
muss.

Die Arbeiten von Katz und Miledi zeigten, dass Ionenkanäle in biologischen
Membranen ganz ähnliche Eigenschaften besitzen wie die Gramicidinkanäle,
die man in künstlichen Membranen beobachtet hatte. Ihre Experimente beruhten
allerdings auf der gleichzeitigen Messung des Stroms durch eine große Anzahl
von Ionenkanälen. Es war ihnen deshalb nicht möglich, das Öffnen und Schließen
einzelner Kanäle direkt zu beobachten. Deswegen konnten Katz und Miledi nur
indirekte Rückschlüsse auf die Eigenschaften der Kanäle ziehen, etwa die durch-
schnittliche Zeit, während der jeder Kanal offen bleibt (Offenzeit), und die durch-
schnittliche Größe des Stroms durch jeden einzelnen Kanal (Stromamplitude
bzw. Leitfähigkeit des Kanals). Die direkte Beobachtung der Aktivität einzelner
Kanäle gelang erst Erwin Neher (*1944) und Bert Sakmann (*1942), die für diese
Arbeiten 1991 mit dem Nobelpreis für Physiologie oder Medizin ausgezeichnet
wurden (Neher 1991; Sakmann 1991).

1.3.3   Die ersten Patch-Clamp-Experimente

Sakmann hatte von 1970 bis 1973 am University College in London bei Bernard
Katz gearbeitet. Danach ging er an das Max-Planck-Institut für biophysikalische
Chemie in Göttingen, wo Erwin Neher in der Abteilung von Hans Kuhn bereits
angefangen hatte, Einzelkanäle in künstlichen Membranen zu untersuchen. Neher

und Sakmann beschlossen, neben ihren eigentlichen Projekten auch die Acetylcholinrezeptoren von Froschmuskelzellen zu untersuchen. Sie wollten die Einzelkanäle direkt am biologischen Präparat nachweisen!

Das war jedoch nicht so einfach, wie es klingt. Das wesentliche Problem war, dass der Strom durch einen einzelnen Ionenkanal extrem klein sein musste – das konnte man aufgrund der Berechnungen von Katz und Miledi erwarten. Schon das elektrische Hintergrundrauschen war bei den damals üblichen Messmethoden etwa 100-mal größer als der Strom, den Neher und Sakmann messen wollten. Dieses Hintergrundrauschen wird hauptsächlich durch die unzähligen Kanäle und Ionentransporter auf der gesamten Oberfläche der Zelle hervorgerufen. Wie klein die Ströme durch einzelne Kanäle sind, kann man sich vielleicht besser vorstellen, wenn man sich die verschiedenen Stromstärken von physiologischer Bedeutung in Abb. 1.1 ansieht.

Neher und Sakmann wollten die winzigen Einzelkanalströme aus dem Hintergrundrauschen herauslösen, indem sie einen sehr kleinen Abschnitt der Zellmembran, einen Fleck (*patch*) elektrisch von seiner Umgebung isolierten. Sie beschlossen deshalb, ein sehr dünnes Glasröhrchen als Messelektrode auf die Zelloberfläche aufzusetzen. Diese Pipette sollte einzelnen Ionenkanälen gleichsam übergestülpt werden und diese, wie unter einer Käseglocke, elektrisch von der Umgebung abschirmen.

Derartige extrazelluläre Patch-Elektroden waren Anfang der 1960er-Jahre zum ersten Mal von Alfred Strickholm (1961) und später von Karl Frank getestet worden. Erwin Neher hatte bereits 1969 während seiner Doktorarbeit im Labor von Dieter Lux in München solche „Saugpipetten" benutzt. Neher sagte dazu:

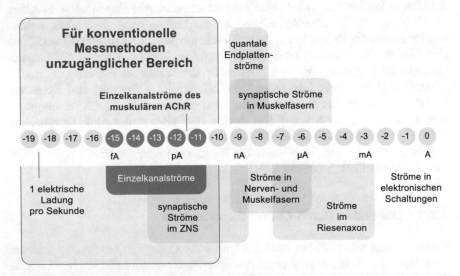

Abb. 1.1 Physiologische und nichtphysiologische Stromstärken im Vergleich. Die Zahlen sind die Zehnerpotenzen der in Ampere angegebenen Stromstärke. AChR: Acetylcholinrezeptor, ZNS: Zentralnervensystem

„In München bestand das Problem nicht darin, möglichst kleine Ströme absolut zu messen, sondern sehr viel größere Ströme mit guter relativer Auflösung. In Göttingen passten wir dann die Methode an das neue Problem, nämlich gute absolute Auflösung, an." (Neher, persönliche Mitteilung).

Gute absolute Auflösung bedeutete also, dass das Rauschen der Messanordnung minimiert werden musste. Dazu musste man eine sehr dichte Verbindung zwischen der Zellmembran und dem Rand der Pipette schaffen, um „Leckströme" durch die Kontaktstelle zu minimieren. Das Hauptproblem bestand darin, dass man die Pipette nicht nahe genug an die Zelloberfläche bringen konnte, weil die Basallamina, eine die Muskelfaser umhüllende Extrazellulärmatrix, sowie das Bindegewebe einen dichten Kontakt verhinderten (Sigworth 1986).

Zusammen mit Sakmann gelang es Neher, dieses Problem zu lösen. Sakmann hatte bei Katz in London eine Methode entwickelt, Muskelzellen enzymatisch von der Basalmembran und den Bindegewebsanteilen zu befreien. Durch dieses „Reinigen" der Muskelzelloberfläche konnten Neher und Sakmann tatsächlich die Messpipette in engeren Kontakt mit der Zellmembran bringen, was den Abdichtwiderstand zwischen Pipette und Außenmedium auf etwa 10–50 MΩ (Megaohm) erhöhte und somit die Leckströme und das Rauschen verringerte. Die Wissenschaftler benutzten bei diesen Versuchen Froschmuskelfasern, deren motorischer Nerv vorher durchtrennt worden war. Nach Denervierung bilden die Muskelzellen Acetylcholinrezeptoren nicht nur lokal im Bereich der Endplatte, sondern auf der gesamten Muskelzelloberfläche, und zwar in relativ geringer Dichte – ein günstiger Umstand, wenn man nur einen oder wenige Kanäle messen will.

Nach vielen Versuchen war schließlich die Abdichtung so gut und das Hintergrundrauschen so stark vermindert, dass sie auf dem Oszilloskop rechteckförmige Strompulse sahen, die – wie Neher es in seinem Nobel-Vortrag ausdrückte – „mit gutem Gewissen als Signale von Einzelkanälen interpretiert werden konnten" (Neher 1992; Abb. 1.2a). Neher weiter:

„Die Tatsache, dass ähnliche Registrierungen sowohl in unserem Göttinger Labor als auch im Labor von Charles F. Stevens in Yale (wo ich einen Teil von 1975 und 1976 verbrachte) gemacht werden konnten, gab uns Zuversicht, dass sie nicht das Werk irgendeines lokalen Dämons waren, sondern vielmehr Signale mit biologischer Bedeutung." (Neher 1992)

Diese eigentlich unscheinbaren, rechteckigen Strompulse sahen genauso aus, wie man sie bereits von Ionenkanälen in künstlichen Membranen her kannte (Neher und Sakmann 1976). Zum ersten Mal konnte man damit das Verhalten einzelner Moleküle in der Membran einer lebenden Zelle direkt beobachten! Erwin Neher erinnert sich später:

„Wir gingen daran, die Methode zu optimieren, also den Kontakt zwischen Pipette und Zelloberfläche zu verbessern, hauptsächlich durch unterschiedliche Behandlungen der Zelloberfläche oder durch Veränderungen in der Pipettengeometrie. Nach und nach wurde das Rauschen kleiner, und wir konnten Einzelkanalöffnungen sehen. Das war ein kontinuierlicher Prozess, bei dem viele unabhängige Ereignisse zusammenkommen

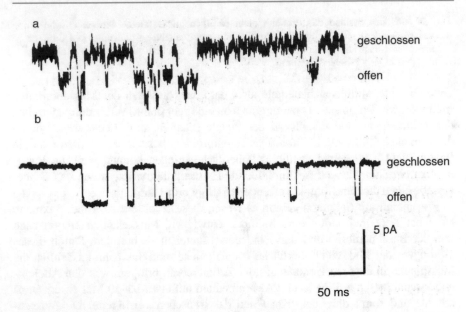

Abb. 1.2 Patch-Clamp-Messungen an Einzelkanälen. **a** Ableitungen von nikotinischen Achetylcholinrezeptoren, die Neher und Sakmann 1975 bei den ersten Patch-Clamp-Experimenten aufgezeichnet haben. **b** Einzelkanalöffnungen von nikotinischen Achetylcholinrezeptoren, die zu Beginn der 1980er-Jahre von Neher und Sakmann registriert wurden. Durch den Gigaseal und verbesserte Verstärkertechnologie konnten sie das Hintergrundrauschen wesentlich verringern, was die Auflösung der Einzelkanalöffnungen deutlich verbesserte. (Abbildung mit freundlicher Genehmigung von Erwin Neher)

> mussten, damit es funktionierte, und auch dann war es nur schwer reproduzierbar. Die Einzelkanalströme konnten wir in dieser Zeit nur unter wirklich optimalen Bedingungen sehen; sobald wir diese Bedingungen leicht variierten, verschwanden sie wieder. Trotzdem gelangen uns bis 1976 einige Messungen am Froschmuskel, die Bert Sakmann zum ersten Mal auf einer Tagung in Israel vorstellte und die wir dann 1976 in *Nature* veröffentlicht haben." (Neher, persönliche Mitteilung)

Die rechteckförmigen Strompulse entstehen, wenn sich ein einzelner Acetylcholinrezeptorkanal nach Bindung des Transmitters öffnet und für eine bestimmte Zeit Ionen leitet, wenn also Strom fließt. Nach wenigen Millisekunden schließt sich die Pore wieder, und der Strom geht abrupt auf seinen Ursprungswert zurück. Die gemessenen Ströme erscheinen auf dem Oszilloskop als rechteckförmige Sprünge (Abb. 1.2b), weil die Übergänge zwischen offenem (ionenleitendem) und geschlossenem Zustand extrem schnell ablaufen. Die gemessenen Ströme folgen also einem Alles-oder-nichts-Gesetz: Der Kanal ist entweder vollständig geschlossen oder ganz offen und leitet im offenen Zustand einen konstanten Strom. Die Amplituden der Einzelkanalereignisse waren also – unter den jeweiligen Bedingungen – immer gleich, es variierte lediglich ihre Dauer. Man nahm an, dass der Ionenkanal sich öffnet, sobald Acetylcholin an den Rezeptor bindet, und sich schließt, wenn es sich wieder ablöst. Heute weiß man, dass der

Mechanismus durch etwas kompliziertere kinetische Modelle beschrieben werden muss. Die Zeit, in der der Transmitter gebunden bleibt, und damit die Offenzeit des Ionenkanals, war anscheinend zufällig und lag normalerweise im Bereich von wenigen Millisekunden.

Schon die ersten Patch-Clamp-Messungen zeigten die grundsätzlichen Eigenschaften von Ionenkanälen. Bei den ersten Messungen aus den 1970er-Jahren war aber das Rauschen noch ziemlich stark. Heute würde man diese Technik der Annäherung der Pipette an die Membran als Loose-Patch-Clamp bezeichnen (Abschn. 6.1). Damit lassen sich nur Kanäle mit relativ großer Leitfähigkeit messen. Ein weiteres Problem bestand darin, dass entgegen der Theorie eben doch nicht alle Einzelkanalströme gleich groß waren. Mitunter tauchten Kanäle mit kleineren Leitfähigkeiten auf, was die Auswertung der Einzelkanalströme verfälschte. Neher und Sakmann deuteten diese als sogenannte Randkanäle, also Kanäle, die direkt unter dem Rand der Pipette lagen und deren Ströme daher nicht vollständig von der Messapparatur aufgefangen werden konnten.

1.3.4 Die Verbesserung der Methode: Gigaseals!

Die Lösung dieser Probleme, und damit der endgültige Durchbruch, gelang den beiden Wissenschaftlern nach vielen Bemühungen endlich vier Jahre später. Im Januar 1980 entdeckte Neher durch Zufall, dass der Abdichtwiderstand zwischen Pipette und Membran um drei Größenordnungen anstieg, wenn er eine sehr saubere, unbenutzte Pipette verwendete und beim Kontakt mit der Zelloberfläche einen leichten Unterdruck an die Pipette anlegte. Im Gegensatz zu vorher, als die Widerstände zwischen Bad und Pipette bei 10–50 MΩ lagen, erhielt Neher jetzt plötzlich Abdichtwiderstände von bis zu 100 GΩ (Gigaohm), weswegen man sie auch heute noch als Gigaseals bezeichnet (von *seal* für „Dichtung"). Neher arbeitete damals nicht mit denervierten Muskeln, sondern mit kultivierten embryonalen Muskelzellen, sogenannten Myoblasten, und beschrieb das später folgendermaßen:

"In den Jahren zwischen 1976 und 1980 haben wir immer wieder systematisch versucht, den Abdichtwiderstand zwischen Pipette und Membran zu verbessern, um das Rauschen zu verringern. Wir testeten verschiedene enzymatische Behandlungen der Zellen, versuchten die Glasoberfläche der Pipetten umzuladen, mit Phospholipiden zu beschichten oder auf andere Weise hydrophober zu machen – alles mehr oder weniger erfolglos. Zwischendurch haben wir auch immer wieder versucht zu saugen, also Unterdruck an die Pipette anzulegen. In der Regel war die Verbesserung des Abdichtwiderstandes jedoch nur gering, und der *seal* brach sofort wieder zusammen. So gaben wir diese Versuche schließlich auf und versuchten, mit der vorhandenen Technik Ergebnisse zu erzielen.

Während dieser Experimente geschah es ab und zu, dass die Pipette beim Kontakt mit der Zelloberfläche spontan einen Gigaseal bildete. Da wir damals natürlich nicht wussten, dass das möglich war, dass also so etwas wie ein Gigaseal überhaupt existierte, dachten wir immer, die Pipette sei ‚verstopft' und beachteten das Phänomen nicht weiter. Im November oder Dezember 1979 hatten wir dann Besuch von einem Gastwissenschaftler, dem ich ein Patch-Experiment an Myoblasten zeigen wollte. Wieder „verstopfte" die

Pipette, doch plötzlich sahen wir auf dem Oszilloskop wunderschöne, klare Kanal-öffnungen. Wir rannten sofort durchs ganze Labor und suchten nach TTX (Tetrodotoxin, ein Natriumkanalblocker), um zu sehen, ob es wirklich Natriumkanäle waren, aber bis wir welches gefunden hatten, war die Zelle kaputt. Trotzdem hatten wir zum ersten Mal eine Messung mit einem Gigaseal aufgezeichnet und achteten danach auf „verstopfte" Pipetten, so dass uns in der Folgezeit ab und zu weitere solcher Messungen gelangen. Das war leider nicht reproduzierbar, es war uns völlig unklar, warum sich manchmal ein Giga-seal bildete, und wie wir das hervorrufen könnten.

Heute wissen wir, dass es an unseren Pipetten lag. Ich muss dazu sagen, dass wir bis etwa 1978 unsere Patch-Pipetten sehr umständlich hergestellt haben. Die Pipette wurde zuerst normal gezogen, dann wurde sie in eine *Microforge* (Gerät zum Nachbehandeln von Mikropipetten) eingespannt, und die Spitze zu einem Haken gebogen. An diesen Haken hängte man ein Gewicht und zog die Pipette noch einmal aus. Der Herstellungs-vorgang nahm etwa 10 bis 15 Minuten pro Pipette in Anspruch, und wir verwendeten die Pipette daher mehrmals, vier- oder fünfmal, bis sie völlig mit Schmutz und Membran-fragmenten zugesetzt waren. Irgendwann kam ich jedoch darauf, dass man auch mit einem herkömmlichen Pipettenziehgerät und zwei Ziehschritten qualitativ gute Pipetten herstellen kann. Das ging zwar viel einfacher und schneller, aber wir benutzten die Pipetten weiterhin mehrmals hintereinander.

An einem Samstag im Januar 1980 arbeitete ich nachmittags im Labor und hatte eine ganze Reihe von Pipetten hergestellt. Ich wollte eigentlich schnell nach Hause, aber auch die Pipetten aufbrauchen (sie müssen bald nach der Herstellung benutzt werden). Des-wegen verwendete ich an diesem Tag jede Pipette nur ein einziges Mal. Das war die ent-scheidende Veränderung: In fünf Versuchen erhielt ich plötzlich vier Gigaseals!

In der darauffolgenden Woche benutzten alle unsere Mitarbeiter bei jedem Versuch frische Patch-Pipetten und erhielten immer häufiger Gigaseals. Das ging ein paar Wochen gut, doch plötzlich funktionierte zwei Wochen lang überhaupt nichts mehr, und bei uns allen breitete sich große Frustration aus, weil keiner wusste, woran es liegen könnte. Schließlich fanden wir heraus, dass man beim Eintauchen einen leichten Überdruck an die Pipette anlegen muss, damit sie nicht mit Schmutz in der Badlösung verstopft wird. Von da an ging alles gut." (Neher, persönliche Mitteilung)

Für diese Entdeckung war also nicht nur das neue Präparat verantwortlich – auf den kultivierten Muskelzellen bilden sich leichter Seals –, sondern vor allem die Tatsache, dass Neher neue, unbenutzte Pipetten verwendete. Nachdem durch die Gigaseals, welche die Göttinger nun immer häufiger und schneller erhielten, das elektrische Rauschen des biologischen Präparats fast gänzlich ausgeschaltet war, traten andere Rauschquellen als begrenzender Faktor in den Vordergrund. So musste man das Rauschen verringern, das durch die elektronischen Komponenten des Verstärkers und durch die Messpipette selbst entsteht. Neher dazu:

"Die frühen Experimente, vor Entdeckung des Gigaseals, stellten keine hohen Anforderungen an die Verstärker, wir haben einfach die herkömmlichen Strom-Spannungs-Wandler aus der *black-film*-Technik weiterentwickelt. Erst mit den Giga-seals mussten wir erheblich bessere Verstärker haben. Die Verbesserung betraf vor allem die Erweiterung der Bandbreite und die Optimierung des Rauschens bei diesen hohen Frequenzen, die früher gar nicht zugänglich waren. Fred Sigworth hat sich um die Ver-stärkerentwicklung gekümmert und – nach etwa vier laborinternen Vorläufermodellen – den EPC-5, den ersten kommerziellen Patch-Clamp-Verstärker gebaut." (Neher, persön-liche Mitteilung)

1.4   Die Weiterentwicklung der Technik

Wie man sich einen Gigaseal physikalisch vorzustellen hat, ist bis heute noch unvollständig geklärt. Überraschenderweise „klebt" die Membran jedenfalls sehr fest an der Mündung oder der inneren Glaswand der Pipette. Dadurch werden verschiedene Manipulationen mit einem Membranpatch möglich, ohne dass die Verbindung zwischen Glaswand und Membran abreißt (Abb. 1.3). So können nicht nur Kanalöffnungen gemessen werden, indem man die Pipette auf die Zellmembran aufsetzt (Cell-attached-Konfiguration), sondern es lässt sich auch das Membranstück in der Pipettenspitze durch einen kurzen Saugpuls durchbrechen (Whole-Cell-Konfiguration). Dabei erhält man einen offenen Zugang zum Zytoplasma, und es resultiert eine Konfiguration, die der konventionellen intrazellulären Ableitung entspricht, da man bei beiden Methoden die Ströme durch die gesamte Zellmembran misst.

Außerdem fanden Bert Sakmann und Owen P. Hamill heraus, dass man durch Zurückziehen der Pipette das Membranstück aus der Zellmembran herausreißen und dann die in der Membran vorhandenen Kanäle zellfrei messen kann. Durch unterschiedliche Manipulationen lassen sich diese Membranstücke so anordnen, dass entweder die ursprünglich zytoplasmatische Seite der Zellmembran zur Badlösung weist (Inside-out-Konfiguration) oder die extrazelluläre Oberfläche (Outside-out-Konfiguration). Einzelheiten der verschiedenen Konfigurationen werden wir in Kap. 5 besprechen. Die vier wichtigsten Techniken haben die Göttinger Wissenschaftler 1981 in der Schlüsselarbeit in *Pflügers Archiv* veröffentlicht (Abb. 1.3). Neher dazu:

"Nachdem wir reproduzierbar Gigaseals herstellen konnten, entwickelten wir von Januar bis März 1980 in schneller Folge die verschiedenen Konfigurationen der Patch-Clamp-Technik, die wir dann im März 1981 in der Veröffentlichung für *Pflügers Archiv* zusammenfassten. Ich erinnere mich noch, dass einer der Gutachter bemängelte, dass wir die Whole-Cell-Konfiguration mit aufgenommen haben. Er meinte, das gehöre nicht zum Thema, und hielt es wohl nur für einen unwesentlichen „Schnörkel". Um ihm ctwas entgegenzukommen, haben wir daraufhin eine Abbildung (die zum Current-Clamp-Modus) herausgenommen. Heute bedaure ich das, wir hätten das nicht machen sollen." (Neher, persönliche Mitteilung)

Die Arbeitsgruppe von Neher und Sakmann in Göttingen (Abb. 1.4) entwickelten die Patch-Clamp-Technik, um einzelne Ionenkanäle in biologischen Membranen zu untersuchen. Die Technik hat sich in der Folgezeit als so hilfreich und universell anwendbar erwiesen, dass viele Wissenschaftlerinnen und Wissenschaftler auf der ganzen Welt sie sehr schnell übernommen haben und mit ihrer Hilfe viele wichtige Ionenkanäle und Transmitterrezeptoren in den unterschiedlichsten Zellen untersuchen konnten. Seit der Einführung der Patch-Clamp-Technik haben sich zahlreiche weitere Anwendungsmöglichkeiten ergeben. Sie ist inzwischen zu der verbreitetsten Messmethode der zellulären Elektrophysiologie geworden und dient

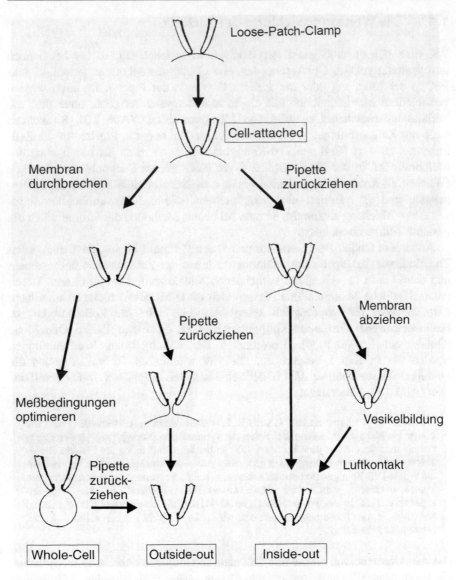

Abb. 1.3 Die verschiedenen Patch-Konfigurationen, wie sie Neher und Sakmann in ihrer bahnbrechenden Arbeit in *Pflügers Archiv* veröffentlicht haben. (Nach Hamill et al. 1981)

nicht nur dazu, elementare Vorgänge auf molekularer Ebene zu klären, sondern reicht weit in systemphysiologische Fragestellungen auf Ebene neuronaler Netzwerke hinein (Sakmann 2017).

Abb. 1.4 Die Arbeitsgruppe von Neher und Sakmann am MPI für biophysikalische Chemie in Göttingen. Das Foto wurde im November 1981 nach dem Erscheinen der entscheidenden Veröffentlichung in *Pflügers Archiv* aufgenommen. Von links nach rechts: Erwin Neher, Fred J. Sigworth, Alain Marty, Bert Sakmann und Owen P. Hamill. (Foto mit freundlicher Genehmigung von Bert Sakmann)

Literatur

Bernstein J (1912) Elektrobiologie. Vieweg, Braunschweig

Cole KS (1979) Mostly membranes. Ann Rev Physiol 41:1–24

Hamill OP, Marty A, Neher E, Sakmann B, Sigworth FJ (1981) Improved patch-clamp techniques for high-resolution current recording from cells and cell-free membrane patches. Pflügers Arch 391:85–100

Hodgkin AL (1963) The ionic basis of nervous conduction. The Nobel Lecture. https://www.nobelprize.org/prizes/medicine/1963/hodgkin/lecture/ Abruf am 04.11.2022

Hodgkin AL (1976) Change and design in electrophysiology: an informal account of certain experiments on nerve carried out between 1934 and 1952. J Physiol 263:1–21.

Huxley AF (1963) The quantitative analysis of excitation and conduction in nerve. The Nobel Lecture. https://www.nobelprize.org/prizes/medicine/1963/huxley/lecture/ Abruf am 04.11.2022

Katz B (1970) On the quantal nature of neuronal transmitter release. The Nobel Lecture. https://www.nobelprize.org/prizes/medicine/1970/katz/lecture/ Abruf am 04.11.2022

Katz B (1986) Reminiscences of a physiologist, 50 years after. J Physiol 370:1–12

Neher E (1992) Ionenkanäle für die inter- und intrazelluläre Kommunikation (Nobel-Vortrag). Angew Chemie 104:837–843

Neher E (1996) Ion channels for communication between and within cells. The Nobel Lecture. https://www.nobelprize.org/prizes/medicine/1991/neher/lecture/ Abruf am 04.11.2022

Neher E, Sakmann B (1976) Single-channel currents recorded from membrane of denervated frog muscle fibers. Nature 260:799–801

Neher E, Sakmann B (1992) Die Patch-Clamp-Technik. Spektrum der Wissenschaften 1992:48–56

Sakmann B (1991) Elementary steps in synaptic transmission revealed by currents through single ion channels. The Nobel Lecture. https://www.nobelprize.org/prizes/medicine/1991/sakmann/lecture/ Abruf am 04.11.2022

Sakmann B (1992) Elementare Ionenströme und synaptische Übertragung (Nobel-Vortrag). Angew Chemie 104:844–856

Sakmann B (2017) From single cells and single columns to cortical networks: dendritic excitability, coincidence detection and synaptic transmission in brain slices and brains. Exp Physiol 102:489–521

Sigworth FJ (1986) The patch clamp is more useful than anyone had expected. Fed Proc 45:2673–2677

Strickholm A (1961) Impedance of a small electrically isolated area of the muscle cell surface. J Gen Physiol 44:1073–1088

Weiterführende Literatur

Zur allgemeinen Einarbeitung in die Physiologie von Membranen und Kanälen empfehlen wir folgende Bücher:

Adam G, Läuger P, Stark G (2009) Physikalische Chemie und Biophysik. (5. Aufl.) Springer Verlag, Berlin, Heidelberg, New York. ISBN 978-3-642-00424-7

Engel AK (Hrsg.) (2018) Neurowissenschaften: Ein grundlegendes Lehrbuch für Biologie, Medizin und Psychologie. Springer Verlag, Berlin, Heidelberg, New York. ISBN 978-3662572627

Hille B (2001) Ionic channels of excitable membranes. (3. Ed.). Sinauer, Sunderland. ISBN 978-0878933211

Kandel E, Schwartz JH, Jessell TM (2020) Principles of neural science. (5. Ed.) McGraw-Hill Education Ltd.

Bioelektrische Phänomene und ihre Messung

2

Die Elektrophysiologie nimmt innerhalb der Biowissenschaften eine Sonderrolle ein, weil ihre Methoden und Begriffe sehr speziell und für viele Außenstehende schwer zugänglich sind. Böse Zungen behaupten, dass man den Vortrag eines Elektrophysiologen daran erkennt, dass den meisten Zuhörern die Augenlider zufallen. Aber: Wer dieses Buch liest, will (oder darf) offenbar nicht zu dieser Gruppe gehören. Also keine Angst – auf den nächsten Seiten werden wir zeigen, dass es sich bei der Elektrophysiologie nicht um eine Geheimwissenschaft handelt. Im Gegenteil – mit einfachem logischem Denken, dem ohmschen Gesetz und vor allem etwas Übung versteht man unsere Techniken und Diagramme sehr gut. Ein Physikstudium ist dafür definitiv nicht nötig!

Wir werden im Folgenden die grundlegenden elektrischen Phänomene in Zellen vorstellen, dann die wichtigsten Messverfahren beschreiben und mit Beispielen illustrieren.

2.1 Grundlagen

2.1.1 Membranpotential

Alle Zellen haben ein Membranpotential, das durch ungleiche Verteilung von Ionen zwischen intra- und extrazellulärem Raum entsteht. Der Membran kommt damit eine herausragende Rolle zu, denn sie trennt diese beiden Räume, und die Membraneigenschaften bestimmen den gesamten Stoff- und Ladungsaustausch zwischen Zelle und Umgebung.

Wir leiten das Membranpotential als Kalium-Diffusionspotential her, weil Kaliumionen in vielen Zellen den größten Einfluss auf das Ruhemembranpotential haben. Die Überlegungen lassen sich leicht auf andere Ionen übertragen. Stellen wir uns also vor, eine Zellmembran habe nur eine Art von Ionenkanälen und diese seien ausschließlich für Kalium durchlässig (permeabel). Jetzt brauchen wir als

F. C. Roth et al., *Patch-Clamp-Technik*, https://doi.org/10.1007/978-3-662-66053-9_2

weitere Zutat noch einen Prozess, der für die ungleiche Verteilung von Kalium-ionen sorgt – dies ist die Natrium-Kalium-Pumpe (Na^+/K^+-ATPase), die unter Energieverbrauch Kaliumionen (K^+) nach innen und Natriumionen (Na^+) nach außen schaufelt. Dadurch entsteht im Inneren der Zelle eine hohe Konzentration an K^+ von ca. 150 mM, während im extrazellulären Raum bei Säugetieren nur ca. 3–5 mM K^+ vorliegen. (Hier brechen wir kurz unser Versprechen, keine anderen Ionen zu erwähnen: Natürlich ist diese sehr ungleiche Verteilung nur möglich, wenn sie durch andere Ionen weitgehend ausgeglichen wird – in unserem Fall ist das hauptsächlich Na^+, das durch die Na^+/K^+-ATPase außen viel höher konzentriert ist als innen.) Aufgrund der höheren Konzentration von K^+ im Zell-inneren ist es viel wahrscheinlicher, dass ein Kaliumion durch die Kaliumkanäle von innen nach außen fließt als umgekehrt. Dadurch verliert die Zelle positiv geladene Ionen und wird im Inneren negativ geladen. Dieses negative Membran-potential führt wiederum zu einer elektrostatischen Anziehungskraft, die K^+-Ionen von außen nach innen zieht (der Begriff „Kraft" ist bildhaft zu verstehen, physikalisch korrekt wäre es, von Flüssen zu reden). Bei einem bestimmten Wert des Potentials stehen der Diffusionsfluss nach außen und der elektrisch getriebene Fluss nach innen im Gleichgewicht – man spricht vom Gleichgewichtspotential E und berechnet es mithilfe der Nernst-Gleichung:

$$E_{K+} = -RT/zF \times \ln([K^+]_i / [K^+]_o)$$

E_{K+} ist das Kalium-Gleichgewichtspotential, R die allgemeine Gaskonstante, T die absolute Temperatur in Kelvin, z die Ladungszahl des Ions (für K^+ also 1), F die Faraday-Konstante, $[K^+]_i$ die K^+-Konzentration im Zellinneren und $[K^+]_o$ die K^+-Konzentration außerhalb der Zelle. Für 37 °C und unsere einwertigen Kalium-ionen lässt sich die Gleichung vereinfachen:

$$E_{K+} = -61 \text{ mV} \times \log([K^+]_i / [K^+]_o)$$

Wir verzichten hier auf die Herleitung und halten lieber einige nützliche Grund-regeln fest:

- Als einzige Variable gehen die intra- und extrazelluläre Konzentration des betrachteten Ions ein. Das Gleichgewichtspotential folgt also ausschließlich aus der Ungleichverteilung von Ionen.
- Für negative Ionen (Chlorid Cl^-, Bikarbonat HCO_3^-) kehrt sich das Vorzeichen der Nernst-Gleichung um.
- Für mehrwertige Ionen muss man die Ladungszahl berücksichtigen. Im Fall von Kalzium (Ca^{2+}) muss der Wert also noch durch 2 geteilt werden.
- Passive Flüsse von Ionen (z. B. Ströme durch Ionenkanäle) sind immer so gerichtet, dass das Membranpotential sich dem Gleichgewichtspotential für das jeweilige Ion annähert.

- Die Stärke des elektrochemischen Gradienten und die Flussrichtung eines Ions ergeben sich immer aus dem Abstand zwischen aktuellem Membranpotential und Gleichgewichtspotential, also $U_m - E_{ion}$ (s. das unten stehende Beispiel).
- Wenn Kanäle für mehrere Ionen permeabel sind (z. B. unspezifische Kationenkanäle) oder wenn mehrere Kanäle mit unterschiedlicher Ionenselektivität geöffnet sind, ergibt sich ein gemischtes Gleichgewichtspotential, das durch die relative Membranpermeabilität der jeweiligen Ionen gewichtet ist. Dies gilt zum Beispiel für die Berechnung des Ruhemembranpotentials. Die entsprechende Erweiterung der Nernst-Gleichung heißt Goldmann-Hodgkin-Katz-Gleichung.
- Aktive Transporter können Ionen unter direktem oder indirektem Energieverbrauch entgegen der Gleichgewichtsverteilung bewegen. Hier kann man die Richtung des Transports also nicht einfach aus der passiven Verteilung nach Nernst herleiten!

Beispiel

Nehmen wir eine Zelle mit „normaler" K^+-Verteilung (außen 4, innen 150 mM) und einem Membranpotential von -70 mV. Beim Einsetzen der Konzentrationen in die Nernst-Gleichung ergibt sich ein Gleichgewichtspotential von $E_{K+} = -61$ mV $\times \log(150/4) \approx -95$ mV. Das aktuelle Membranpotential ist zwar negativ (-70 mV), aber um 25 mV **positiver** als das Gleichgewichtspotential für K^+ (-95 mV). Nur auf diese Differenz kommt es an: Wenn sich jetzt Kaliumkanäle öffnen, werden K^+-Ionen aus der Zelle herausfließen, weil das „Diffusionsgefälle" entlang des Konzentrationsgradienten stärker ist als die entgegengerichtete elektrostatische Anziehungskraft.

Wenn wir in einem Voltage-Clamp-Experiment (Abschn. 3.1.1) das Membranpotential auf -70 mV halten, würden wir also bei Öffnung von Kaliumkanälen einen Auswärtsstrom positiver Ionen beobachten. Auswärtsströme werden in Grafiken nach oben aufgetragen. Wenn wir stattdessen in einem Current-Clamp-Experiment (Abschn. 3.1.2) Änderungen des Membranpotentials zulassen, würde der Auswärtsstrom von K^+-Ionen die Zelle negativer machen. Sie würde also hyperpolarisiert, was grafisch als Schwankung des Membranpotentials nach unten dargestellt wird. Der Extremwert, den das Membranpotential in dieser Situation nicht übersteigen kann, entspricht dem Gleichgewichtspotential E_{K+} ($\approx$ 95 mV). Hier ist das Gleichgewicht zwischen dem elektrisch getriebenen Strom und dem Diffusionsstrom erreicht, sodass netto keine K^+-Ionen mehr fließen. Real ist eine Zelle selten nur für eine einzige Ionenart leitfähig, sodass das Gleichgewichtspotential in unserem Beispiel wohl nicht erreicht würde. ◄

2.1.2 Elektrische Eigenschaften von Zellen

2.1.2.1 Passive Eigenschaften von Zellen: Widerstand und Kapazität

Wir betrachten eine Zelle in grober Näherung als Kugel, die durch eine Membran von der Außenwelt getrennt ist. Zellbiologen und Biochemiker bitten wir um Verzeihung, aber dieses einfache Modell erweist sich für uns Elektrophysiologen oft als nützlich. Die hydrophobe Membran stellt ein Hindernis für den Fluss hydrophiler Teilchen dar, also auch für Ionen. Deshalb hat sie einen hohen elektrischen Widerstand R, den wir als **Membranwiderstand** R_m bezeichnen. Damit Ionenströme (I) durch die Membran fließen, braucht es eine treibende Spannung U:

$U = R_m \times I$ (ohmsches Gesetz)

Verschiedene Zellen haben sehr unterschiedliche Membranwiderstände mit Werten zwischen etwa 10 und einigen hundert MΩ (Megaohm, d. h. 10^6 Ω, wobei Ohm [Ω] = Volt/Ampere [V/A]). Wenn sich Ionenkanäle öffnen, kommt es zu einer Abnahme des Widerstands R. Intuitiv lässt sich das besser als Zunahme der Leitfähigkeit G betrachten – diese ist einfach der Kehrwert von R:

$G_m = \frac{1}{R_m}$

Damit wird das ohmsche Gesetz zu:

$U \times G_m = I$

Diese einfache Gleichung ist **Grundlage der Voltage-Clamp-Messungen,** die wir in Kap. 3 besprechen. Hält man nämlich die Spannung U (also das Membranpotential) konstant, so ist der Strom I proportional zur Leitfähigkeit G. Der Strom bildet somit das Öffnen und Schließen von Ionenkanälen ab und ermöglicht, deren Verhalten biophysikalisch genau zu untersuchen.

Bei Änderungen der Spannung kommt noch eine zweite wichtige elektrische Eigenschaft von Membranen ins Spiel, die Kapazität. Stellen wir uns vor, das Membranpotential einer Zelle soll in einem Voltage-Clamp-Experiment schlagartig von −70 mV auf 0 mV verändert werden. Dazu müssen positive Ionen auf die Innenseite der Membran fließen oder negative Ionen von dort entfernt werden. Je größer die Zelle – und damit die Membranfläche – ist, umso mehr Ionen müssen hierfür verschoben werden. Es ist also ein Strom nötig, um die Membranfläche umzuladen – erst dann wird die neue Spannung von 0 mV erreicht. Diese ladungsspeichernde Eigenschaft wird als elektrische Kapazität C bezeichnet, die von Größe, Form und Material eines Gegenstands abhängt. Allgemein kann man sie so definieren:

$C = \Delta Q / \Delta U$

Q ist die Ladungsmenge, U die Spannung (Potentialdifferenz, wie z. B. das Membranpotential). Die Kapazität beschreibt also, wie viel Ladung auf einen Gegenstand aufgebracht werden muss, um eine bestimmte Spannungsänderung hervorzurufen. Sie hat die Einheit Coulomb/Volt (C/V), die als Farad (F) bezeichnet wird. Spannungen ändern sich nicht schlagartig, sodass man sie genauer als zeitliche Änderungsrate dU/dt beschreiben kann. Dann wird aus ΔQ

die zeitliche Ladungsänderung dQ/dt, die nichts anderes ist als der Strom I. Zur Änderung von Spannungen (Membranpotentialen) muss also ein Ladestrom oder „kapazitiver" Strom I fließen, der die benötigte Ladungsmenge auf die Membran verschiebt. Die Formel lautet dann:

$$C = dQ/dt \,/\, dU/dt = I \,/\, dU/dt$$

Durch Umstellung erhalten wir den Ladestrom:

$$I = C \times dU(t) \,/\, dt$$

Der Ladestrom ist also umso größer, je schneller sich die Spannung ändert. Für elektrophysiologische Messungen ist vor allem die Kapazität der Zellmembran (C_m) relevant, aber auch die Kapazitäten von Pipette bzw. pipettennahen Gegenständen wie Silberdraht, Pipettenhalter usw., die oft vereinfacht als C_{pip} zusammengefasst werden. Membrankapazitäten hängen von Größe und Geometrie der Zelle ab und liegen typischerweise zwischen etwa 10 und einigen Hundert pF (Pikofarad; $p = piko = 10^{-12}$). Pipettenkapazitäten sollten so gering wie möglich gehalten werden (Abschn. 5.1.4) und möglichst deutlich unter 10 pF liegen.

Wir haben jetzt drei grundlegende elektrische Eigenschaften der Zellmembran beschrieben: Sie hat einen Widerstand R_m, eine elektrische Kapazität C_m, und sie enthält die Natrium-Kalium-ATPase, die zur Ungleichverteilung von Ionen und in der Folge zum Aufbau des Membranpotentials führt. Diese Pumpe kann man als eine Art Batterie oder Spannungsquelle modellieren. Damit kommen wir zu dem in Abb. 2.1 dargestellten Ersatzschaltbild der Zelle.

2.1.2.2 Aktive Eigenschaften: Aktionspotentiale
Viele Zellen, die wir in der Elektrophysiologie untersuchen, sind erregbar, das heißt, sie bilden Aktionspotentiale. Die Form und Sequenz von Aktionspotentialen sind sehr variabel und für den jeweiligen Zelltyp charakteristisch – sie bilden als „aktive Eigenschaften" zusammen mit den „passiven Eigenschaften" (R und C) die sogenannten intrinsischen elektrischen Eigenschaften der Zelle.

Abb. 2.1 Ersatzschaltbild einer Zelle mit Membrankapazität (C_m), Membranwiderstand (R_m) und einer Batteriespannung (U_m)

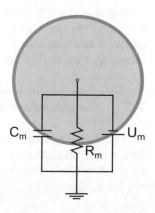

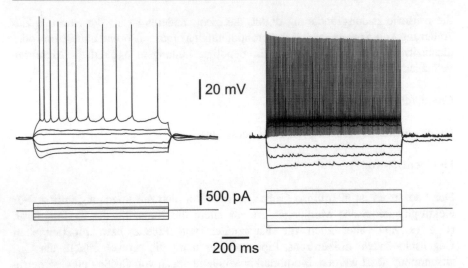

Abb. 2.2 Passive und aktive Eigenschaften einer Pyramidenzelle (links) und eines *fast-spiking*-Interneurons (rechts). Die Spannungsantworten (obere Reihe) wurden jeweils durch Strompulse (Pulsdauer 1 s) von erst negativer und dann positiver Amplitude erzeugt (untere Reihe)

Um Aktionspotentiale zu beobachten, muss man Spannungsänderungen zulassen; man misst also nicht im Voltage-Clamp-Modus, der ja die Spannung vorgibt, sondern im Current-Clamp-Modus (Abschn. 3.1.2), bei dem man Spannungsänderungen der Membran registriert und zugleich definierte Ströme durch die Pipette in die Zelle injizieren kann.

Wie das Aktionspotential einer Zelle genau verläuft, hängt von ihrer Ausstattung mit Ionenkanälen ab, besonders mit solchen, die durch Spannungsänderungen aktiviert werden. Das gilt auch für die Abfolge mehrerer Aktionspotentiale bei anhaltender Depolarisation. Die Wellenform eines Aktionspotentials oder einer Serie von Aktionspotentialen ist also eine Art „Signatur" der Zelle, die ihre spezifische Differenzierung als Pyramidenneuron, *fast-spiking*-Interneuron, Herzmuskelzelle oder Riechsinneszelle spiegelt. Man macht sich dies oft zunutze, indem man zu Beginn einer Messung im Current-Clamp-Modus nach einem festen Protokoll de- und hyperpolarisierende Ströme injiziert. Die Reaktion der Zelle auf die jeweiligen Ströme zeigt die passiven und aktiven Membraneigenschaften und sagt viel über den jeweiligen Zelltyp aus – aber auch über die Qualität der Messung. Statt viel Theorie zeigen wir in Abb. 2.2 hier zwei typische Beispiele.

2.2   Messmethoden (Übersicht)

Elektrophysiologische Messungen finden auf verschiedenen Skalen statt und dienen der Bestimmung verschiedenster physikalischer und biologischer Vorgänge. Die Patch-Clamp-Methode ist nur einer von vielen möglichen Zugängen.

Sie ist auf der Ebene einzelner Zellen oder subzellulärer Strukturen bis hinunter zu einzelnen Ionenkanälen angesiedelt, und ihr hervorstechendes Merkmal ist die besonders genaue biophysikalische Charakterisierung von Membranströmen. In diesem Abschnitt stellen wir alle gängigen elektrophysiologischen Methoden vor. Das soll einerseits ein wenig Ordnung in das Ganze bringen, aber auch helfen, die Patch-Clamp-Technik richtig einzuordnen und bei Bedarf alternative oder komplementäre Zugänge zu kennen. In Tab. 2.1 sind die wichtigsten Eigenschaften der verschiedenen Methoden zusammengefasst.

Zuvor sollten wir noch darauf hinweisen, dass in den meisten elektrophysiologischen Messungen einer von zwei physikalischen Parametern gemessen wird: Spannung oder Strom. Oft kontrolliert man dabei den jeweils anderen Parameter durch den Verstärker. Misst man Ströme bei vorgegebener Spannung, heißt diese Konfiguration Voltage-Clamp, misst man Spannungen bei vorgegebenen Strömen, spricht man vom Current-Clamp. Seltener sind Messungen anderer elektrophysiologischer Größen, zum Beispiel der Membrankapazität (Abschn. 6.6) oder von Magnetfeldern (s. unten).

Vor einer Messung sollten wir also wissen, ob uns Spannungen oder Ströme interessieren und auf welcher Ebene vom einzelnen Ionenkanal bis zum ganzen Organ wir messen möchten.

2.2.1 Zelluläre und subzelluläre Messungen

Verschiedene Techniken werden eingesetzt, um elektrische Phänomene einzelner Zellen zu messen: Patch-Clamp, konventionelle intrazelluläre Ableitungen, juxtazelluläre Ableitungen und *unit*-Messungen. Die ersten beiden Methoden messen direkt elektrische Prozesse an bzw. über der Membran und sind hochauflösend, die beiden letzteren beruhen auf extrazellulär gelegenen Elektroden und erfassen lediglich die großen Spannungsschwankungen der Aktionspotentiale.

Die **Patch-Clamp-Technik** lebt von einem sehr hohen Abdichtwiderstand zwischen der Mündung einer Glaspipette und der Zellmembran, dem Gigaseal. Dadurch werden Leckströme und damit Rauschen minimiert. Sie ermöglicht die Auflösung winziger Ströme bis hinunter zu den Ionenflüssen durch einzelne Ionenkanäle (Abb. 2.3). Auch elektrische Vorgänge der gesamten Zelle lassen sich im Whole-Cell-Modus mit hoher Auflösung messen. Durch Pipetten- und Badlösung werden die Ionenverhältnisse auf beiden Seiten der Membran experimentell vorgegeben, sodass eine biophysikalisch sehr definierte, aber auch artifizielle Situation entsteht. Die Technik eignet sich sowohl für Strommessungen im Voltage-Clamp-Modus als auch für Spannungsmessungen im Current-Clamp-Modus, die praktisch nur in der Whole-Cell-Konfiguration durchgeführt werden.

Die Patch-Clamp-Methode wird an kultivierten Zellen, in isolierten Gewebestücken in vitro (z. B. Hirnschnitten) und von spezialisierten Laboren auch in vivo eingesetzt. Durch den direkten Zugang zur Zelle können Farbstoffe zur Darstellung der Lage und Struktur, aber auch andere Substanzen leicht in die Zelle gebracht werden. Abb. 2.4 zeigt zwei typische Messungen der synaptischen

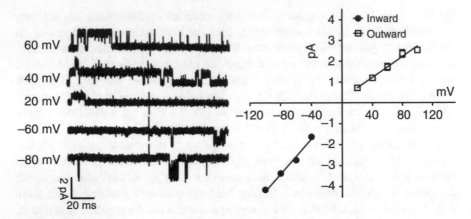

Abb. 2.3 Einzelkanalströme. Originalregistrierungen des Stroms durch einzelne Ionenkanäle in einer Outside-out-Ableitung (links). Dafür wurden mechanosensitive PIEZO-1-Kanäle in einer Zelllinie zur Expression gebracht und durch Anlegen eines Druckes am Pipettenhalter aktiviert. Durch Messung bei verschiedenen Haltepotentialen in der Voltage-Clamp-Konfiguration entsteht die aus mehreren Patches gemittelte Strom-Spannungs-Kurve (rechts). In diesem Fall zeigt sie eine Tendenz zur „Gleichrichtung", das heißt, Auswärtsströme bei positivem Pipettenpotential fallen kleiner aus als Einwärtsströme bei negativem Potential. Aus der Steigung der Kurve (dI/dU) ergibt sich bei jedem Potential die Leitfähigkeit des Kanals. (Aus Moroni et al. 2018)

Übertragung: einmal im Voltage-Clamp-Modus (Messung von postsynaptischen Strömen) und einmal im Current-Clamp-Modus (Messung von postsynaptischen Potentialen).

Konventionelle **intrazelluläre Ableitungen** (Abb. 2.5) beruhen auf dem Einstechen einer feinen, elektrolytgefüllten Glaspipette in eine Zelle. Diese ältere Technik wird nach wie vor eingesetzt, um Änderungen des Membranpotentials hochauflösend zu erfassen. Intrazelluläre Ableitungen werden in der Regel zur Messung des Membranpotentials eingesetzt, das heißt im Current-Clamp-Modus. Mit geeigneten Verstärkern sind auch Strommessungen im Voltage-Clamp-Modus möglich, allerdings liefern diese keine so rauscharmen Daten wie die Patch-Clamp-Technik. Dafür ist die Konfiguration weniger artifiziell, weil das intrazelluläre Milieu weniger stark von der Elektrodenlösung beeinflusst wird. Die intrazelluläre Ableittechnik wird in Gewebeverbänden in vitro und in vivo eingesetzt, meistens um das native elektrische Verhalten von Zellen zu erfassen. Auch durch die sehr feinen Glaspipetten lassen sich Substanzen für eine Färbung in die Zelle einbringen.

Bei der **juxtazellulären Ableitung** (Abb. 2.6) befindet sich die offene Spitze einer Glasmikroelektrode in unmittelbarer Nähe der Zellmembran, ohne die Zelle direkt zu berühren. Die starke und schnelle Änderung des Membranpotentials bei einem Aktionspotential führt auch im Extrazellulärraum zu einer messbaren Spannungsschwankung. Diese sogenannten *spikes, unit discharges* oder einfach *units* werden von der Pipette erfasst, sodass man das „Entladungsverhalten", also Frequenz und zeitliches Muster der Aktionspotentiale einzelner Zellen, messen

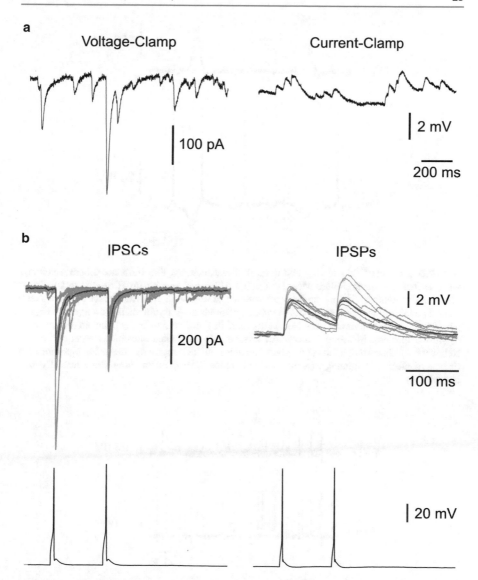

Abb. 2.4 a Spontane synaptische Ströme im Voltage-Clamp-Modus (links) und synaptische Potentiale im Current-Clamp-Modus (rechts) während einer Whole-Cell-Messung. **b** Hemmende (inhibitorische) postsynaptische Ströme (IPSCs; obere Reihe links) und hemmende postsynaptische Potentiale (IPSPs; obere Reihe rechts) nach Auslösen von Aktionspotentialen in einem vorgeschalteten (präsynaptischen) Interneuron im Current-Clamp-Modus (untere Reihe). Die Pipettenlösung enthielt in diesem Fall eine stark erhöhte Chloridkonzentration, wodurch IPSCs Einwärtsströme sind und IPSPs depolarisierend wirken (s. Abschn. 4.4.5). Die gemittelten Antworten in der oberen Reihe sind rot dargestellt.

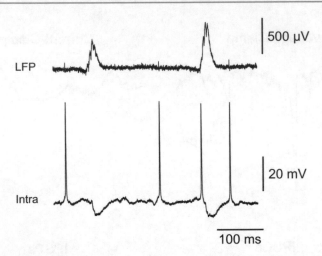

Abb. 2.5 Parallele Feldpotential- und intrazelluläre Ableitung. Extrazelluläre (obere Ableitung) und gleichzeitige intrazelluläre Messung (untere Ableitung) aus einem Hirnschnittpräparat der Maus. Extrazelluläre Feldpotentiale repräsentieren koordinierte Aktivität im neuronalen Netzwerk. Die intrazelluläre Messung des Membranpotentials einer Pyramidenzelle zeigt eine Hyperpolarisierung bei Aktivierung des Netzwerks (hier in Form von zwei sogenannten *sharp wave-ripple*-Komplexen). Messungen dieser Art erlauben, das Verhalten einzelner Neurone in einem Netzwerk zu charakterisieren, und geben Hinweise auf die zugrunde liegenden Mechanismen (hier: synaptische Hemmung). (Abbildung mit freundlicher Genehmigung von Alexei Egorov, Heidelberg)

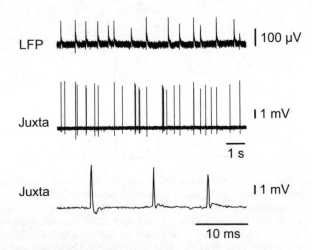

Abb. 2.6 Parallele Feldpotential- und juxtazelluläre Ableitung. Hier wurden wieder *sharp wave-ripple*-Komplexe in einem Hirnschnittpräparat der Maus gemessen (obere Spur; die Daten sind zeitlich komprimierter dargestellt als in Abb. 2.5). Die unteren Spuren zeigen (mit unterschiedlicher Zeitauflösung) Aktionspotentiale eines nicht identifizierten Neurons in einer juxtazellulären Ableitung. (Abbildung mit freundlicher Genehmigung von Alexei Egorov, Heidelberg)

kann. Unterschwellige Signale, also Spannungsschwankungen unterhalb der Ebene von Aktionspotentialen, sind in der Regel nicht (kaum) auflösbar. Bei konstanter Wellenform der *unit discharges* kann man relativ sicher sein, nur von einer einzigen Zelle abzuleiten, auch wenn man diese während der Messung gar nicht sieht. Mittels Strominjektion in die Pipette kann man in der Pipettenlösung enthaltene Farbstoffe in die Zelle treiben, wahrscheinlich durch eine Art Elektroporation. Damit lässt sich die Zelle ähnlich wie bei intrazellulären Messungen nach dem Experiment abbilden und genau klassifizieren. Die juxtazelluläre Technik wird vor allem in vivo (seltener auch in vitro) eingesetzt, um das Verhalten einzelner, definierter Nervenzellen in neuronalen Netzwerken zu messen.

Extrazelluläre Ableitungen von einzelnen Zellen können auch einfacher durchgeführt werden, allerdings muss man dann auf die Möglichkeit der Anfärbung und damit auf die morphologische Identifizierung der Zellen verzichten. Man benutzt dafür nicht die feinen, innen hohlen Glaselektroden der juxtazellulären Methode, sondern einfache metallische Elektroden. Dies sind meist dünne Drähte aus Wolfram (als einzelne oder multiple Elektroden). Sie erlauben eine relativ einfache Positionierung und langfristige Ableitungen von Aktionspotentialen (*units*) im Gehirn von frei beweglichen Tieren, in klinisch begründeten Ausnahmefällen sogar beim Menschen. Auch Multielektrodenarrays für in-vitro-Experimente gehören dazu, mit denen Aktionspotentiale von zahlreichen, räumlich verteilten Zellen gemessen werden können (z. B. in einem Hirnschnittpräparat oder einer Kultur von Herzmuskelzellen, die direkt auf dem Array gewachsen sind). Allen diesen Techniken ist gemeinsam, dass man die individuellen Zellen, von denen die Aktionspotentiale ausgehen, nicht kennt und auch nicht nachträglich durch Färbung identifizieren kann. Allerdings kann man mit mehreren, nahe beieinander positionierten Elektroden doch verschiedene elektrophysiologische Signaturen der *units* unterscheiden, je nachdem welchen Abstand die jeweilige Zelle zu den einzelnen Elektroden hat. Der Analyseaufwand hierfür ist erheblich und erfordert Erfahrung. Man spricht bei solchen Datensätzen von *identified units* im Unterschied zu einfacher *multiunit activity* bei multiplen Aktionspotentialen aus nicht identifizierten, vermutlich verschiedenen Quellen. Verbreitet sind „Tetroden" aus vier eng benachbarten, verdrillten Drähten, die unterschiedliche Signaturen von mehreren unterschiedlich positionierten Zellen erlauben. Kommerziell erhältlich sind aber Multielektroden in jeglicher Anzahl und Form.

2.2.2 Messungen von Summenpotentialen

Auf der nächsten Ebene geht es nicht mehr um die elektrischen Beiträge einzelner Zellen, sondern von Zellverbänden. Dabei addieren sich die Beiträge einzelner Aktionspotentiale oder synaptischer Potentiale und erzeugen kleine (μV bis mV) extrazelluläre Potentialschwankungen, die das gemittelte Verhalten der Zellen spiegeln.

Als **Feldpotentiale** im engeren Sinn werden lokal begrenzte extrazelluläre Potentiale (*local field potentials*, LFPs) bezeichnet. Man misst sie beispielsweise mit Metall- oder Glaselektroden in Hirnschnittpräparaten oder auch in vivo. Die Amplitude der Potentialschwankungen spiegelt nicht nur die Größe der Beiträge der einzelnen Zellen, sondern vor allem ihre Synchronie wider. Wenn zum Beispiel in einem neuronalen Netzwerk viele Axone gleichzeitig aktiviert werden, werden sie in ihren postsynaptischen Zielzellen synchrone postsynaptische Potentiale auslösen. Die Beiträge der einzelnen Zellen addieren sich zu einer einheitlichen, makroskopisch sichtbaren Welle, die sich klar von der Nulllinie abhebt. Wenn dagegen viele Nervenzellen völlig unkoordiniert aktiv sind, bildet sich aus den postsynaptischen Potentialen nur ein unspezifisches Rauschen. Summenpotentiale sind also ein Maß für die Synchronie in einem Netzwerk oder Gewebe. Feldpotentialmessungen werden vor allem in der Neurophysiologie eingesetzt, um die Stärke, aber auch die Richtung, räumliche Ausbreitung und das Zeitverhalten synaptischer Potentiale zu messen. Bei experimenteller Stimulation größerer Axonbündel oder bei hypersynchroner Aktivität (Epilepsie) lassen sich auch Summenaktionspotentiale *(population spikes)* messen. Umgekehrt kann man aus guten Feldpotentialableitungen oft auch Aktionspotentiale einzelner Zellen *(units)* isolieren, die wir weiter oben beschrieben haben. Dazu filtert man die aufgezeichneten Daten mit einem sogenannten Hochpassfilter, das heißt, man eliminiert alle langsamen Signalkomponenten (z. B. unterhalb 500 oder 1000 Hz). Die übrig bleibenden schnellen, kurzen Impulse sind *units*, die man nachträglich mit dem ursprünglichen Feldpotential korrelieren kann, um das Verhalten einzelner Neurone im Netzwerk zu verstehen. Neben einfachen, selbst hergestellten Draht- oder Glaselektroden lassen sich auch die oben schon für *units* beschriebenen Multielektrodenarrays, Tetroden usw. für die Messung von Feldpotentialen einsetzen.

Noch größere räumliche Ausdehnung haben die Potentiale, die man am Tier oder am Menschen nichtinvasiv als **Elektroenzephalogramm** (EEG) oder Magnetenzephalogramm (MEG) messen kann (Abb. 2.7). Beim EEG werden Elektroden auf der Kopfhaut verteilt und das von den oberen Kortexschichten ausgehende Summenpotential gemessen. Das MEG misst nicht direkt die elektrische Aktivität, sondern die winzigen Magnetfelder, die durch Ströme entlang der Dendriten der parallel ausgerichteten kortikalen Neurone entstehen. Die Struktur der Daten ähnelt dem EEG, es hat aber eine bessere räumliche Auflösung. MEG-Messungen verlangen einen hohen apparativen Aufwand und sind speziellen Zentren vorbehalten, während EEG-Messungen günstig, einfach durchführbar und weitverbreitet sind. Auch diese beiden Verfahren messen im Wesentlichen synchrone synaptische Aktivität (Aktionspotentiale sind im gesunden Gehirn nie ausreichend synchron, um im EEG zu erscheinen). Die kortikalen Netzwerke zeigen je nach Aktivitätszustand verschiedene Oszillationen, mit denen man Schlafphasen oder verschiedene Grade der Aufmerksamkeit unterscheiden kann, aber auch pathologische Synchronisierungen, wie sie bei der Epilepsie vorkommen. Die zeitliche Auflösung ist – besonders im Vergleich zu funktionell-bildgebenden Verfahren – gut und liegt in Routinemessungen bei ca. 30 ms (entsprechend einer Filterung der Signale bei 30 Hz). Damit lässt sich

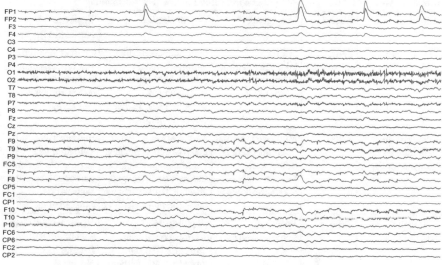

200 µV |

1 s

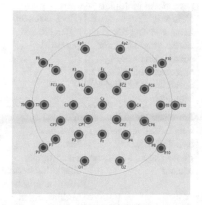

Abb. 2.7 EEG-Ableitung. Ausschnitt eines Elektroenzephalogramms (oben). Charakteristisch sind die hohe Zahl parallel abgeleiteter Kanäle (hier: 33), das Auftreten rhythmischer Aktivität (z. B. in F9, T9 und P9 kurz nach der Hälfte des dargestellten Zeitraums) und die insgesamt niedrige Amplitude von < 200 µV. In den beiden oberen Spuren (FP1, FP2) sieht man vier Artefakte durch Augenblinzeln. Die unteren Schemata zeigen die Positionen der Ableitelektroden. (Abbildung der Messung mit freundlicher Genehmigung von Steffen Syrbe, Heiko Kienzler und Andre Rupp, Heidelberg)

neuronale Netzwerkaktivität quasi in Echtzeit erfassen. Die räumliche Auflösung ist allerdings sehr beschränkt (~ cm), zumal nur ganz oberflächliche Vorgänge direkt erfassbar sind, während Ereignisse in tieferen Hirngebieten nur indirekt erschlossen werden können (sogenannte Quellenlokalisation).

Tab. 2.1 Wichtige elektrophysiologische Messverfahren und ihre Anwendung

Technik	Ebene	Messgröße	Eigenschaften	Typische Anwendung
Patch-Clamp	Zelle, subzellulär	Ströme (Voltage-Clamp), Membranpotential (Current-Clamp)	Sehr hohe Auflösung, biophysikalisch präzise kontrollierte Bedingungen, anschließende Färbung der Zelle möglich	Charakterisierung von Ionenkanälen Elektrisches Verhalten von einzelnen Zellen
Intrazelluläre Ableitungen (konventionell)	Zelle	Membranpotential (Current-Clamp) Selten auch Ströme (Voltage-Clamp)	Messung des elektrischen Verhaltens von Zellen unter natürlicheren Bedingungen, anschließende Färbung der Zelle möglich	Elektrisches Verhalten von (nachträglich identifizierten) Neuronen, Sinnes- oder Muskelzellen
Juxtazelluläre Ableitungen	Zelle	Spannung (extrazellulär)	Messung von Aktionspotentialen einzelner Neurone, anschließende Färbung des Neurons möglich	Verhalten einzelner, nachträglich identifizierter Neurone im Netzwerk
Extrazelluläre *unit*-Ableitungen	Zelle, Netzwerk	Spannung (extrazellulär)	Messung von Aktionspotentialen multipler Neurone, keine Färbung der Zellen möglich, dafür aber Klassifizierung einzelner Zellen durch ihre elektrische Signatur	Verhalten vieler einzelner Neurone, (Herz-)Muskelzellen etc. im Netzwerk
Feldpotentiale	Netzwerk, Gewebe, Organ	Spannung (extrazellulär)	Summenpotentiale lokaler Zellverbände, Synchronisierung, räumliche und zeitliche Muster	Aktivität nativer neuronaler Netzwerke Funktionelle Charakterisierung von synaptischen Verbindungen
EEG, MEG	Netzwerk, Gehirn	Spannung (extrazellulär)	Nichtinvasive Messung koordinierter neuronaler Aktivität, gute Zeitauflösung, schlechte räumliche Auflösung	Neuronale Korrelate von Vigilanz und Verhalten/Kognition Diagnostik (Epilepsie, Schlafstörungen, Bewusstseinsstörungen)
EKG, EMG, ENG	Organe	Spannung (extrazellulär)	Nichtinvasive Messung von Summenaktionspotentialen (Herz, Muskel, Nerven)	Klinische Diagnostik der elektrischen Erregungsvorgänge in den Organen

Schließlich seien noch drei klinisch-diagnostische Verfahren genannt, mit denen man nichtinvasiv Aktionspotentiale messen kann. Das **Elektrokardiogramm** (EKG) misst die Ausbreitung der Aktionspotentiale in der Herzmuskulatur, die im Gesunden geordnet verläuft und daher große, stabile Summenaktionspotentiale bildet. Im Verlauf eines Aktivitätszyklus bilden sich Gradienten zwischen erregten und unerregten Arealen, die zu messbaren Potentialdifferenzen führen und Auskunft über Verlauf, Dauer und Rückbildung der Aktivierung von Vorhöfen und Kammern geben. Beim **Elektromyogramm** (EMG) misst man Aktionspotentiale in Skelettmuskeln, wobei hier auch *spikes* von einzelnen Muskelzellen oder kleinen Gruppen (sogenannten motorischen Einheiten) zu sehen sind, besonders, wenn man mit Nadelelektroden invasiv misst. Man kann mit dem EMG entscheiden, ob eine Muskelschwäche an einem Problem der neuronalen „Ansteuerung" des Muskels oder im Muskel selbst liegt. Summenaktionspotentiale kann man schließlich auch durch elektrische Stimulation von größeren Nerven auslösen und mit Elektroden entlang des Verlaufs dieses Nerven die Nervenleitgeschwindigkeit überprüfen (**Elektroneurografie**, ENG).

Literatur

Brandes R, Lang F, Schmidt RF (2019) Physiologie des Menschen. Springer, Heidelberg
Covey E, Carter M (Eds) (2015) Basic electrophysiological methods. Oxford University Press, New York
Moroni M, Servin-Vences MR, Fleischer R, Sanchez-Carranza O, Lewin GR (2018) Voltage gating of mechanosensitive piezo channels. Nat Commun 9:1096
Pape H-C, Kurz A, Silbernagl S (2019) Physiologie. Georg Thieme, Stuttgart
Rettinger J, Schwarz S, Schwarz W (2018) Elektrophysiologie. Springer Spektrum Berlin, Heidelberg
Zschocke S, Hansen HC (2012) Klinische Elektroenzephalographie. Springer, Heidelberg

Technische Grundlagen der Patch-Clamp-Technik

3

3.1 Funktionsprinzip eines Patch-Clamp-Verstärkers

In diesem Kapitel wollen wir die biophysikalischen und technischen Grundlagen der Patch-Clamp-Technik besprechen, soweit sie für das experimentelle Vorgehen und das Verständnis der Messergebnisse wichtig sind. Dazu ist kein tiefgehendes physikalisches oder elektrotechnisches Spezialwissen erforderlich. Vielmehr reichen einige einfache Prinzipien aus, um die Funktionen des Verstärkers so weit zu verstehen, dass man Messungen korrekt durchführen, Ergebnisse verstehen und Probleme erkennen kann, was wiederum das häufig benötigte Troubleshooting erleichtert. Die praktische Durchführung der eigentlichen Experimente wird in Kap. 5 besprochen.

Mithilfe der Patch-Clamp-Technik ist es möglich, sowohl Ströme (bei vorgegebener Spannung; Voltage-Clamp, VC) sowie Spannungen bzw. Membranpotentiale (bei vorgegebenem Strom; Current-Clamp, CC) zu messen. Wir beschreiben zunächst den Voltage-Clamp-Modus, bei dem man das Membranpotential auf vorgegebene Werte „klemmt" und die dafür benötigten Ströme misst (s. auch Abschn. 2.1.2). Den Zusammenhang zwischen Spannung und gemessenem Strom beschreibt man im einfachsten Fall nach dem ohmschen Gesetz als einfache Proportionalität. Die relevante Spannung (bildhaft kann man sagen „treibende Kraft") ist dabei nicht einfach das Membranpotential, sondern der Abstand des aktuellen Potentials vom Umkehrpotential (U) für diejenigen Ionen, deren Flüsse wir gerade messen. Ein anschauliches Beispiel hierzu findet sich in Abschn. 2.1.1. Mit dieser Erläuterung zu U gilt also:

$$U = R_m \times I \text{ (Potential} = \text{Membranwiderstand} \times \text{Stromfluss)}$$

Anstelle des Widerstands R_m setzen wir den Kehrwert $G_m = 1/R_m$ ein, der Leitfähigkeit genannt wird und intuitiv an die elektrisch leitfähigen Ionenkanäle in der Membran denken lässt. Damit ergibt sich:

© Der/die Autor(en), exklusiv lizenziert an Springer-Verlag GmbH, DE, ein Teil von Springer Nature 2023
F. C. Roth et al., *Patch-Clamp-Technik*, https://doi.org/10.1007/978-3-662-66053-9_3

$U \times G_m = I$ (Membranpotential $\times$ Leitfähigkeit $=$ Stromfluss)

Also ist I bei einer vorgegebenen Spannung proportional zur Leitfähigkeit G. Genau darum geht es eigentlich bei Voltage-Clamp-Messungen: Wir wollen Änderungen der Leitfähigkeit der Membran messen und nutzen als Maß den injizierten Strom. Oft versucht man, eine Situation zu schaffen, in der sich nur eine ganz bestimmte Art von Ionenkanälen öffnet oder schließt. Dann liefert der Ausgleichsstrom eine präzise biophysikalische Beschreibung der Funktion der jeweiligen Kanäle. Auf diese Weise kann man z. B. die Wirkung eines Neurotransmitters auf postsynaptische Rezeptoren oder die Amplitude und Kinetik spannungsaktivierter Ionenkanäle in Herzzellen untersuchen.

3.1.1 Voltage-Clamp

Die ersten Voltage-Clamp-Verstärker haben zwei getrennte Pipetten für Spannungsmessung und Strominjektion verwendet. Ein Grund hierfür ist, dass die Pipetten ja selbst einen Widerstand haben. Würde man den Strom also durch die Pipette injizieren, mit der man auch die Spannung misst, so würde nach dem ohmschen Gesetz eine Spannungsänderung am Pipettenwiderstand (R_{pip}) entstehen. Damit „sieht" der Verstärker aber nicht mehr das Membranpotential, sondern die Summe der Potentialänderungen an Pipette und Membran. Die Messung würde also verfälscht, und zwar umso mehr, je größer der injizierte Strom ist. Mit der Injektion des Stroms über eine separate Pipette ist dieses Problem gelöst. Allerdings lässt sich die TEVC(*two-electrode voltage clamp*)-Methode naturgemäß nur in großen Zellen anwenden, beispielsweise in Neuronen mancher Invertebraten oder in *Xenopus*-Oozyten. Deshalb wurden Techniken entwickelt, bei denen Spannungsmessung und Strominjektion durch dieselbe Pipette erfolgen können und trotzdem eine zuverlässige Voltage-Clamp-Messung möglich ist. Die Patch-Clamp-Technik ist die verbreitetste und sensitivste dieser SEVC(*single-electrode voltage clamp*)-Methoden. Wie funktioniert sie? Der wesentliche „Trick" geht aus dem stark vereinfachten Schaltbild in Abb. 3.1a hervor.

Der in Abb. 3.1a beschriebene Schaltkreis stellt einen sogenannten Strom-Spannungs-Wandler dar. Er ist möglichst nahe bei der Pipette im Vorverstärker untergebracht, um Rauschen und Verluste durch lange Kabel zu vermeiden (Abschn. 4.3.1). Zentrale Elemente sind der Operationsverstärker (*operational amplifier*, OPA) und der Rückkopplungswiderstand R_f auf den invertierenden Eingang (f für *feedback*; in manchen Modellen wird anstelle von R_f ein Kondensator C_f verwendet). Der Operationsverstärker ist ein komplexes elektronisches Bauteil, das wie ein kleines schwarzes Kästchen mit acht Anschlussbeinen aussieht und glücklicherweise vom Anwender auch so betrachtet werden kann, nämlich als Black Box. Wir stellen dazu vier vereinfachte Regeln auf:

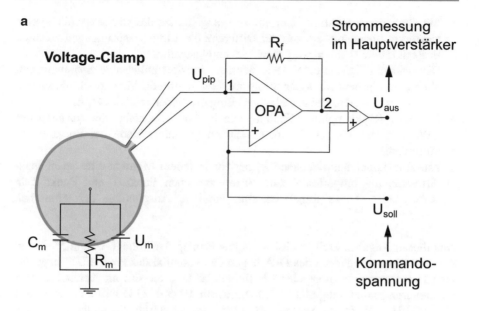

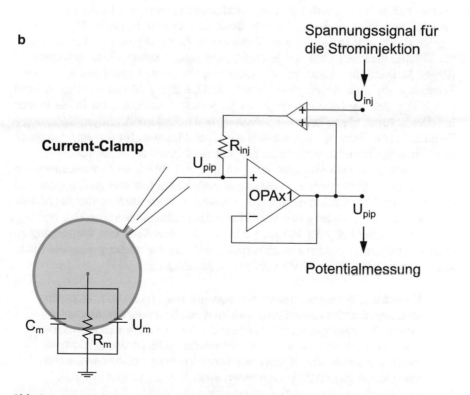

Abb. 3.1 Vereinfachtes schematisches Schaltbild eines Patch-Clamp-Vorverstärkers mit Zelle. **a** Voltage-Clamp-Schaltkreis. **b** Current-Clamp-Schaltkreis. OPA = Operationsverstärker

1. Ein Operationsverstärker liefert am Ausgang (Spitze des Dreiecksymbols) eine verstärkte Spannung, die von der Differenz der Eingangsspannungen abhängt. Er ist also eine spannungsregulierte Spannungsquelle.
2. Die beiden Eingänge eines OPA nehmen die dort anliegende Spannung auf, ohne dass ein nennenswerter Strom in sie hineinfließt. Man spricht daher von einem sehr hohen (quasi unendlichen) Eingangswiderstand des OPA.
3. Bei einer Rückkopplungsschaltung wie in Abb. 3.1a liefert der Ausgang des OPA stets den nötigen Strom, um Spannungsunterschiede der Eingänge zu minimieren.
4. Am Rückkopplungswiderstand R_f besteht in jedem Moment eine Spannungsdifferenz, die proportional zum Strom zwischen Punkt 1 und Punkt 2 in Abb. 3.1a ist. Diese Regel ist eine einfache Anwendung des ohmschen Gesetzes.

Aus diesen Angaben ergibt sich bereits das Prinzip der Voltage-Clamp-Messung: An den beiden Eingängen des OPA liegen das Potential der Pipette U_{pip} bzw. das vom Experimentator vorgegebene Sollpotential U_{soll} an, das am Verstärker oder im Steuerprogramm eingestellt wird (Sigworth 1995b). Jede Differenz zwischen U_{soll} und U_{pip} bildet am Ausgang des OPA eine verstärkte Spannung (Regel 1). Damit stellt sich unmittelbar eine Potentialdifferenz zwischen Punkt 1 (U_{pip}) und Punkt 2 ein, sodass ein Strom durch R_f fließt, und zwar so lange, bis U_{pip} und U_{soll} wieder gleich sind (Regel 3). Der Strom durch R_f fließt praktisch vollständig in die Pipette, denn der OPA hat ja einen „unendlich" hohen Eingangswiderstand (Regel 2). Durch den Strom entsteht nach dem ohmschen Gesetz nun wieder eine Spannung, die zum Strom proportional ist: $U_f = R_f \times I$ (Regel 4). U_{pip} ist also gleich U_{soll} und die Spannung an R_f ist proportional zu dem dafür in die Pipette injizierten Strom (daher heißt die Schaltung in der Elektronik „Strom-Spannungs-Wandler"). Mit dieser Spannung haben wir einen Messwert für den zum Ausgleich benötigten Strom und damit indirekt für die Leitfähigkeit der Membran.

Die oben genannten Vorgänge erfolgen fast in Echtzeit (~ Femtosekunden = 10^{-15} s), sodass beginnende Abweichungen praktisch sofort korrigiert werden und das Pipettenpotential jederzeit gleich dem Kommandopotential ist. Das liegt daran, dass der OPA eine extrem große Verstärkung der Differenz zwischen U_{soll} und U_{pip} liefert. Dies führt bei jeder kleinsten Abweichung von Soll- und Istspannung zu einem so steil ansteigenden Korrekturstrom, dass die Abweichung über die Rückkopplungsschleife (R_f) praktisch unmittelbar beseitigt wird.

▶   **Vorsicht:** Diese optimistische Aussage gilt nur angenähert. In realen Messungen treten einige Komplikationen auf, besonders, wenn man an großen, komplex gebauten Zellen misst oder wenn der Pipettenwiderstand gegenüber dem Membranwiderstand nicht zu vernachlässigen ist. Diese Komplikationen muss man kennen und berücksichtigen, damit man nicht „Mist misst". Dazu kommen wir in Abschn. 3.2 und in Kap. 4.

Die Ausgangsspannung des OPA wird an die Steuereinheit des Verstärkers weitergeleitet und mit einem entsprechenden Kalibrierungsfaktor (abhängig von der

Größe von R_f) in den Strom umgerechnet, der gerade in die Pipette injiziert wird. Allerdings liegt an Punkt 2 in Abb. 3.1a nicht allein die Spannung an, die über R_f besteht, sondern auch noch U_{pip}, das ja an Punkt 1 liegt und sich quasi hinzu-addiert. Deshalb wird vor dem Ausgang noch U_{soll} (als Annäherung an das nicht direkt zugängliche U_{pip}) abgezogen (Abb. 3.1a; Differenzialverstärker direkt vor U_{aus}). Damit sind beide Aufgaben eines Voltage-Clamp-Verstärkers erfüllt: Das Potential der Zelle (bzw. der Pipette) ist gleich U_{soll}, und der hierzu notwendige Ausgleichsstrom wird über U_{aus} gemessen. Wir können also alle Leitfähigkeits-änderungen der Membran unmittelbar beobachten.

Die besondere Stärke des Patch-Clamp-Verfahrens liegt in der sehr hohen Auflösung, die sogar Beobachtungen von Strömen durch einzelne Ionenkanäle ermöglicht. Die Elektrophysiologie ist damit in molekularen Dimensionen angekommen. Sie erlaubt Messungen im Bereich von Pikoampere (pA, 10^{-12} A), das ist etwa ein Zehnmilliardstel des Stroms, der durch eine gebräuchliche Leucht-diode fließt. Zum Beispiel würde die kurze Öffnung eines einzelnen Ionenkanals für 1 ms bei einer Stromamplitude von 10 pA durch weniger als 10.000 einzelne Ionen verursacht. Für diese winzigen Ströme ist der Vorverstärker optimiert – er arbeitet sehr rauscharm und enthält hochwertige Rückkopplungswiderstände von bis zu 50 GΩ (Gigaohm, 10^9 Ω), die bereits bei kleinsten Strömen gut mess-bare Spannungen erzeugen. Auch der hohe Eingangswiderstand des OPA ist eine wichtige Voraussetzung für korrekte und rauscharme Messungen. Mindestens ein Hersteller (Axon Instruments/Molecular Devices) verwendet anstelle des Rück-kopplungswiderstands (R_f) einen Kondensator (C_f), der in manchen Versionen sogar aktiv gekühlt wird. Dies führt zu noch rauschärmeren Signalen und ist daher ein Vorteil bei Einzelkanalmessungen. Allerdings baut sich mit dem Strom-fluss am Kondensator eine zunehmende Spannung auf, die regelmäßig „genullt" werden muss, um im Regelbereich zu bleiben. Für größere Ströme in der Whole-Cell-Konfiguration lassen sich diese Verstärker daher auf die konventionelle Rückkopplung mit Widerständen umschalten, da sie sonst C_f viel zu oft entladen müssten und hier ohnehin andere Quellen des Rauschens dominieren.

3.1.2 Current-Clamp

Eine grundsätzlich andere Konfiguration ist der Current-Clamp-Modus. Hier darf sich das Membranpotential ständig verändern, so wie es dem natürlichen elektrischen Verhalten von Zellen entspricht. Die dafür benötigte Schaltung soll die Spannung also nicht stabilisieren, sondern nur messen. Nahezu alle Patch-Clamp-Verstärker haben zumindest einen einfachen Schaltkreis für Current-Clamp-Messungen, doch nur bestimmte Modelle sind für präzise Messungen geeignet. Man sollte bei der Auswahl also speziell darauf achten, falls man solche Messungen plant.

Für die eigentliche Messung benötigt man einen OPA ohne Verstärkungs-funktion ($\times$ 1), der mit seinem hohen Eingangswiderstand als eine Art Zwischen-puffer (buffer) dient. Dies sorgt dafür, dass das gemessene Membranpotential nicht durch nennenswerte Stromflüsse in der Messelektronik verfälscht wird (Abb. 3.1b). Als zweite Komponente braucht man noch eine Vorrichtung zur Injektion von Strömen, mit denen man die Zelle beliebig de- oder hyperpolarisieren kann. Anstelle einer Kommandospannung hat man hier also einen Kommandostrom, der wieder über den Hauptverstärker bzw. das Messprogramm eingestellt werden kann. Dieser Strom wird erzeugt, indem eine Spannung zum gemessenen Potential der Zelle addiert und über einen Widerstand in die Pipette geleitet wird (Abb. 3.1b). Nach $I = U/R$ (ohmsches Gesetz) entsteht ein Strom, dessen Größe von der zusätzlich eingebrachten Spannung und dem eingebauten Widerstand abhängt. Da dieser bekannt ist, ist das Kommandosignal am Verstärker direkt als Strom kalibriert. Der Strom verursacht allerdings auch an der Pipette eine Spannung, denn sie hat ja einen Widerstand, der nach $U = R_{pip} \times I$ auf den Stromfluss reagiert. Dies kann die Messung verfälschen, und zwar umso mehr, je mehr Strom injiziert wird. Man kompensiert diese zusätzliche Spannung, indem man über einen variablen Widerstand ein gleich großes Signal erzeugt, das man von dem gemessenen Potential wieder abzieht. Mit Blick auf einen ähnlichen, historischen Schaltkreis spricht man von der Wheatstone-Brücke oder – einfacher – von der Einstellung der *bridge balance*. Die entsprechenden Signale sind in Abb. 3.3c dargestellt.

Current-Clamp-Messungen sind von großer Bedeutung, wann immer man das native elektrische Verhalten von Zellen beurteilen will. Dies können zum Beispiel elektrisch erregbare Zellen sein, die aus pluripotenten Stammzellen differenziert wurden, oder die Analyse des natürlichen Verhaltens von Neuronen innerhalb ihres Netzwerks. Im Patch-Clamp-Verfahren werden Current-Clamp-Messungen ganz überwiegend in der Whole-Cell-Konfiguration (Abschn. 5.2.4) durchgeführt.

Häufig kommt es in Current-Clamp-Messungen zu einer langsamen Drift des Membranpotentials, weil sich Membranwiderstand oder Leckleitfähig-keit verändern. An diesen Änderungen ist man meist gar nicht interessiert, sondern man würde gerne schnellere Spannungsschwankungen (postsynaptische Potentiale, Aktionspotentiale etc.) von einem mehr oder weniger konstanten Membranpotential aus beobachten. Für die Konstanthaltung des mittleren Membranpotentials bieten manche Verstärker eine Art Hybrid aus Voltage-Clamp (für langsame Änderungen) und Current-Clamp (für schnelle Änderungen) an. Sie tragen unterschiedliche Namen wie *Slow Current Injection, Low-Frequency Voltage Clamp* oder *Dynamic Holding* (Dolzer 2021). Eine typische Anwendung dieser Konfiguration ist die Bestimmung des Umkehrpotentials von spontan auftretenden postsynaptischen Potentialen (PSP). Dazu kann man eine Nervenzelle jeweils für einige Zeit ungefähr bei −80 mV, −75 mV, −70 mV usw. halten und die synaptischen Ereignisse jeweils bei diesen Potentialen sammeln. Die schnellen Potentialschwankungen der einzelnen PSP werden dabei praktisch nicht beeinflusst. Anschließend kann man die Amplituden der PSP gegen die ein-gestellten mittleren Potentiale auftragen und erhält auf diese Weise das Umkehr-potential der beobachteten synaptischen Eingänge. Wenn die PSP beispielsweise bei ungefähr $-70\,$mV verschwinden, bei negativeren Werten depolarisierend (positiv) und bei positiveren Werten hyperpolarisierend (negativ) sind, hätten wir es mit einem Umkehrpotential von $-70\,$mV zu tun. Das weist typischerweise auf eine selektive Leitfähigkeit für Chlorid (Cl^-) hin und passt zu GABAergen oder glycinergen hemmenden Synapsen.

3.1.3 Diskontinuierliche Verstärker

Für Voltage-Clamp-Messungen bei Ganzzellableitungen ist noch ein völlig anderes Messprinzip entwickelt worden, das ebenfalls mit einer Elektrode auskommt: der dSEVC (*discontinuous single-electrode voltage clamp*)-Verstärker. Dabei wird der Ausgleichsstrom zur Einstellung der Sollspannung immer nur für kurze Zeit injiziert, gefolgt von einer Pause. Während der Strominjektion baut sich an der Pipette gemäß ihrem Widerstand ein Potential auf, das die Spannungsmessung verfälschen würde. In der Pause fällt dieses an R_{pip} entstandene Potential wieder ab. Der Effekt der Strominjektion in die Zelle bleibt trotz der Pause weitestgehend erhalten, da sich die Zellmembran wegen ihrer großen Kapazität (Abschn. 2.1.2) viel langsamer entlädt als die Pipette. Wenn also nach Ende der Strominjektion das Potential an R_{pip} wieder erloschen ist, kann man das Membranpotential in einer stromfreien, unverfälschten Situation messen. Es wird jetzt mit U_{soll} verglichen, und der nächste kurze Strompuls zur Korrektur von Abweichungen wird injiziert. Das gemessene Potential U_{mem} wird während jedes Zyklus in einem sogenannten Sample-and-Hold-Verstärker gespeichert und zur Verfügung gestellt, sodass am Ausgang des Verstärkers eine scheinbar kontinuierliche Messung des Membranpotentials zu sehen ist. Der entscheidende technische Trick ist, die durch den Strom entstehende Spannung am Pipettenwiderstand sehr schnell nach jeder Injektion wieder auf null zu bringen – sonst kann man entweder nur extrem langsame Prozesse messen oder bekommt falsche Werte des Membranpotentials und des Ausgleichsstroms. Dazu ist eine optimierte Kompensation für die Pipettenkapazität (C_{pip}) notwendig (Abschn. 3.2.1), die bei der Messung jeweils präzise eingestellt werden muss.

Moderne dSEVC-Verstärker können mit Frequenzen von mehr als 20.000 Hz arbeiten, sodass schnelle Leitfähigkeitsänderungen mühelos im Voltage-Clamp untersucht werden können. Da sie bei korrekter Einstellung praktisch unabhängig vom Pipettenwiderstand sind, lassen sie sich sowohl mit Patch-Elektroden (Widerstände typischerweise $<10\,$MΩ) wie auch mit den wesentlich hochohmigeren konventionellen „scharfen" Mikroelektroden (Widerstände bis $>100\,$MΩ) betreiben. Allerdings verursachen sie stärkeres Rauschen als kontinuierlich arbeitende Patch-Clamp-Verstärker und eignen sich daher nicht für höchste Auflösung (Einzelkanäle). Manche Modelle vereinen daher konventionelle Patch-Clamp-Verstärker und dSEVC in einem Gerät.

3.2   Komplizierende Faktoren – und wie man damit umgeht

Wir werden in den folgenden Abschnitten drei Faktoren besprechen, die zu Artefakten oder falschen Interpretationen von Daten führen können. Diese „Troublemaker" sind elektrische Kapazität, Serienwiderstand und Offset-Potentiale. Am Ende des Kapitels sollte klar sein, worum es sich bei diesen Größen handelt, welche Probleme sie verursachen, wie man sie erkennt und wie man ihnen prinzipiell begegnet. Konkrete Anleitungen und Tipps zum praktischen Umgang mit den Fehlerquellen finden sich in Abschn. 5.2.4.

3.2.1 Kapazität

Wir haben in Abschn. 2.1.2 bereits den Begriff der Kapazität kennengelernt. Einfach gesagt handelt es sich um die Menge an Ladungen, die man auf einen Gegenstand (z. B. eine Zellmembran, aber auch die Pipette) aufbringen muss, um dessen elektrisches Potential um einen bestimmten Betrag zu ändern. Dazu muss ein Strom fließen, der zur Spannungsänderung und zu der Kapazität (also der ladungsspeichernden Eigenschaft des Gegenstands) proportional ist. Formal lässt sich dies so beschreiben:

$$I = C \times dU(t) / dt$$

Beziehungsweise nach der Geschwindigkeit der Spannungsänderung aufgelöst:

$$dU(t) / dt = I/C$$

An diesen Gleichungen erkennt man das eigentliche Problem der Kapazität: Sie verlangsamt Spannungsänderungen. Der Wert von dU/dt (Spannungsänderung pro Zeiteinheit) ist nämlich umso kleiner, je größer die Kapazität C oder je kleiner der Strom I ist. Wenn man möglichst schnelle Änderungen (große Werte von dU/dt) anstrebt, sollte also die Kapazität möglichst klein und der Ladestrom möglichst groß sein. Beides ist bei Patch-Clamp-Messungen nicht beliebig steuerbar, sodass man den Einfluss der Kapazität nicht vernachlässigen kann. Hinzu kommt noch, dass kapazitative Ladeströme sich zum gemessenen Gesamtstrom addieren, sodass ein nichtbiologisches Signal die Messungen verfälscht (erhöhtes Rauschen oder, bei großen Spannungssprüngen, große und störende transiente Ladeströme). Man kann die Messungen aber optimieren, indem man störende Kapazitäten minimiert und für den verbleibenden Rest Kompensationsschaltungen einsetzt. Relevante Kapazitäten entstehen an drei Stellen: am Rückkopplungswiderstand des Vorverstärkers, an der Pipette und dem Pipettenhalter und an der Membran der gemessenen Zelle.

Der Rückkopplungswiderstand ($\mathbf{R_f}$) hat als elektronisches Bauteil natürlich eine endliche Ausdehnung, sodass für jede Spannungsänderung eine gewisse

Ladungsmenge auf den Widerstand fließen muss. Er hat also eine Kapazität. Eine Überschlagsrechnung (Sigworth 1995a) zeigt, dass er auf einen rechteckigen Spannungssprung (z. B. der Zellmembran) mit einer Spannungsänderung reagiert, die einer exponentiell ansteigenden Kurve mit einer Zeitkonstante τ von ca. 1 ms entspricht (d. h., er zeigt von einem „instantan" entstehenden Strom nach 1 ms erst 63 % an). Dies ist für die Registrierung schnell ansteigender Signale, wie zum Beispiel Einzelkanalströme, viel zu langsam. Aus diesem Grund sind in den Verstärker Korrekturschaltkreise eingebaut, die die Signalverluste durch Umladen dieser Kapazität ausgleichen (das Prinzip einer solchen Schaltung werden wir unten am Beispiel der Pipetten- und Membrankapazität beschreiben). Im Vorverstärker wird damit die Antwortzeit auf wenige Mikrosekunden herabgesetzt, was für die meisten Anwendungen vollkommen ausreicht.

Pipette und Pipettenhalter haben ebenfalls Kapazitäten, die meist vereinfacht als Pipettenkapazität C_{pip} zusammengefasst werden. Bei einer Änderung des Kommandopotentials müssen die mit der Zelle verbundenen leitfähigen Komponenten natürlich ebenfalls umgeladen werden, um die neue Spannung anzunehmen, also zum Beispiel die mit Wasser benetzten Teile der Glaspipette. Typische Werte von C_{pip} liegen bei bis zu 10 pF (10×10^{-12} F), besser aber deutlich niedriger. Sie unterscheiden sich je nach Pipettenglas (dickwandiges Glas hat kleinere Kapazitäten) und Ausmaß der leitfähigen Flächen (niedriger Wasserstand in der Messkammer, trockener Pipettenhalter; Abschn. 5.3). Da C_{pip} je nach Messplatz und Experiment unterschiedlich ist, enthalten die Verstärker eine variabel einstellbare Kompensation für die Pipettenkapazität. Sie ist in Abb. 3.2 dargestellt und basiert darauf, dass der kapazitive Ladestrom für Pipette und Pipettenhalter auf einem separaten Weg injiziert wird, der in der Messung nicht sichtbar ist. Dazu wird die Kommandospannung über ein sogenanntes RC-Glied geleitet, dessen Widerstand variabel einstellbar ist. Bei entsprechender Anpassung entsteht an diesem RC-Glied genau der Zeitverlauf der Spannung, mit der Pipette und Pipettenhalter aufgeladen werden. Diese Spannung wird im nachgeschalteten Operationsverstärker stabilisiert und über einen Injektionskondensator C_i differenziert ($I = C_i \times dU/dt$; der Kondensator lässt sich also zum Differenzieren eines Spannungsverlaufs nutzen). Der dort entstehende Strom entspricht nun genau dem Ladestrom, der für die Spannungsänderungen an der Pipette benötigt wird. Er wird allerdings nicht über den Strom-Spannungs-Wandler injiziert, sondern über den beschriebenen „Seitenast". Damit erscheint das Stromsignal des eigentlichen Messkreises fast vollständig glatt (Abb. 3.2b). Amplitude und Zeitkonstante des Ladestroms stellt man entweder mittels Potentiometern von Hand oder über die Software computergesteuerter Verstärker ein. Letztere optimieren die Kompensation automatisch und geben die berechnete Kapazität als Zahlenwert aus.

▶ **Achtung:** Durch die Kompensation von Pipetten- und Membrankapazität erscheinen die entsprechenden Ladeströme bei Voltage-Clamp-Messungen nicht im „offiziell" gemessenen Stromsignal. Das ist der erwünschte Effekt, der aber nicht darüber hinwegtäuschen soll, dass Spannungsänderungen wegen der Kapazitäten immer noch Zeit für die Umladung von Membran und Pipette benötigen. Die Messungen werden also auf das biologisch interessierende Signal reduziert und damit besser, aber der Zeitbedarf für Spannungsänderungen an der Membran bleibt erhalten. Man sieht den dafür benötigten kapazitiven Ladestrom lediglich nicht mehr.

Die Membrankapazität (C_m) muss ebenfalls berücksichtigt werden, die wegen der enormen Dünne der Membran sehr groß ist (typisch sind Werte bis 100 pF, bei sehr großen Zellen sogar mehr). Bei Voltage-Clamp-Ableitungen führt diese Kapazität dazu, dass Sprünge des Kommandopotentials deutlich verlangsamt an der Zellmembran „ankommen" (Abb. 3.3b). Die Zeit für die Umladung der Membran ist dann relevant und kann zu Verfälschungen der Messung führen, besonders bei der Charakterisierung spannungsgesteuerter Ionenkanäle. Auch für C_m gibt es eine Kompensation, die nach demselben Prinzip arbeitet wie die Kompensation der Pipettenkapazität. Sie macht den transienten Ladestrom weitgehend unsichtbar, indem der Strom am Messkreis vorbei injiziert wird. Sie bewirkt aber keine echte Beschleunigung des Umladens! Ausnahmen von dieser Regel sind Verstärker, die mit dem sogenannten Supercharging arbeiten (s. unten).

Auch in Current-Clamp-Messungen kommt es zu Verzerrungen durch die Kapazität. Änderungen des Membranpotentials können am Eingang des OPA nur so schnell gemessen werden, wie die mit der Membran verbundenen Teile von Pipette und Pipettenhalter umgeladen werden. Dadurch werden schnelle Änderungen (z. B. Aktionspotentiale) stark verfälscht, wenn man nicht für C_{pip} kompensiert. Hier führt die Kompensation also, anders als im Voltage-Clamp, tatsächlich zu einer Beschleunigung der Messung, was durch schmaler werdende kleine Artefakte bei An- und Abschalten des Testpulses sichtbar wird (Abb. 3.2c). Die größtmögliche Kompensation von C_{pip} im Current-Clamp ist also für schnelle Signale essenziell. Anders ist es mit C_m: Die Membrankapazität trägt ja auch im wirklichen Leben zur Kinetik elektrischer Signale bei, indem sie zum Beispiel die Ausbreitung eines PSP vom Dendriten bis zum Soma eines Neurons beeinflusst (im einfachsten Fall durch Verlangsamung und Verkleinerung der Amplitude bei „elektrotonischer Fortleitung"). Befindet sich also die Pipette am Soma der Zelle, nimmt man den Effekt der Membrankapazität einfach in Kauf, um den Verlauf des somatischen Membranpotentials korrekt zu messen. Wenn man wirklich wissen möchte, wie das Potential am Ursprungsort eines PSP aussieht, kann es nötig sein, direkt vom Dendriten abzuleiten (was wir aber sicher nicht als Einsteigerprojekt empfehlen).

Unabhängig von allen Kompensationsschaltungen sollte man die kapazitiven Ströme im Experiment stets minimieren. Entsprechende Maßnahmen und Tricks finden sich in Abschn. 5.3.

3.2.2　Serienwiderstand

Im Whole-Cell-Modus liegt zwischen OPA und Zellinnerem der elektrische Widerstand, den die Pipette selbst verursacht. Er wird als Serienwiderstand R_s bezeichnet (Abb. 3.3). Dieser ist zunächst durch den begrenzten Durchmesser

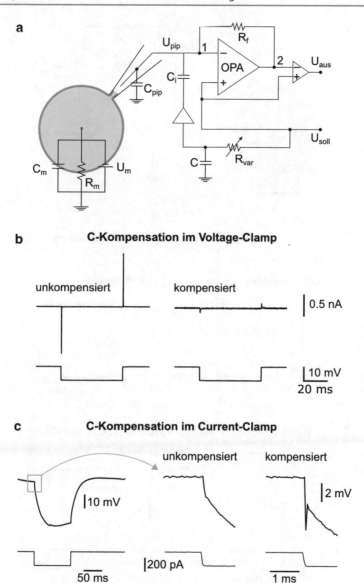

Abb. 3.2 **a** Schematisches Schaltbild inklusive der C-Kompensation im Voltage-Clamp-Schaltkreis. **b** Änderungen der Stromantwort auf einen Kommandospannungspuls nach Kompensation im Voltage-Clamp. **c** Änderung der Potentialantwort auf einen Strompuls nach Kompensation im Current-Clamp. Anders als im Voltage-Clamp-Modus entsteht durch die Kompensation ein kleines Spannungsartefakt am Anfang und Ende der Strominjektion

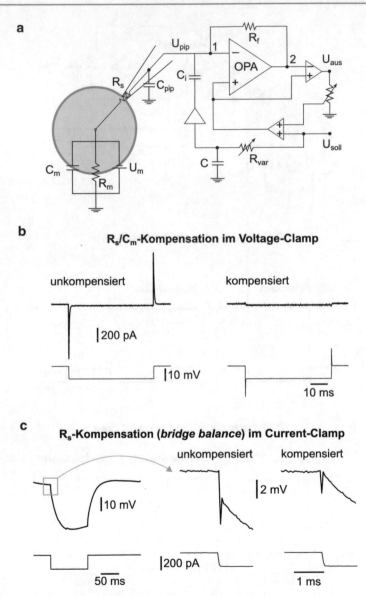

Abb. 3.3 a Schematisches Schaltbild inklusive der R_s-Kompensation im Voltage-Clamp-Schaltkreis. **b** Änderungen der Stromantwort auf einen Kommandospannungspuls nach Kompensation im Voltage-Clamp. Nur bei kompakten, unverzweigten Zellen ist eine volle Kompensation möglich. **c** Änderung der Potentialantwort auf einen Strompuls nach Kompensation im Current-Clamp

der Pipette gegeben, der zu typischen Widerständen von 3–5 MΩ führt. Hinzu kommen aber Membranfragmente und Organellen, die die Pipettenmündung zusätzlich einengen. In der Praxis liegt der Serienwiderstand bei Whole-Cell-Messungen dadurch deutlich über dem Widerstand der offenen, unbenutzten Pipette. Als Zielgröße wird immer wieder angegeben, dass er möglichst nicht mehr als das Doppelte des reinen Pipettenwiderstands betragen sollte, was in der Praxis aber an vielen Präparaten kaum erreichbar ist; man wird oft mit dem Dreifachen des Pipettenwiderstands oder sogar mehr leben müssen. Welche Folgen hat aber der Serienwiderstand für die Messung?

Nehmen wir an, die Zelle hat im Whole-Cell-Modus ein Membranpotential von −60 mV. Wir wollen sie nun mittels Voltage-Clamp auf −80 mV hyperpolarisieren. Dazu müssen wir dauerhaft einen negativen Strom injizieren, der das intrinsische Potential von −60 mV ausgehend um 20 mV negativer macht. Unser Programm zeigt uns dann −80 mV an; Sollwert und Istspannung stimmen also überein. Die Istspannung wird aber nicht auf der Innenseite der Membran gemessen, sondern am Operationsverstärker. Der Verstärker kann hierbei Pipetten- und Membranwiderstand im Messkreis nicht unterscheiden, sondern behandelt sie als Summe $R_s + R_m$. An einem solchen sogenannten Spannungsteiler wird eine Spannung immer anteilig je nach Größe der einzelnen Widerstände abfallen. Die vom Verstärker generierten −20 mV verteilen sich also auf R_m und R_s, anstatt nur das Membranpotential einzustellen (Abb. 3.3a). Das ist so lange egal, wie R_s gegenüber R_m sehr klein und somit vernachlässigbar ist. Nehmen wir aber an, R_s ist 20 MΩ und R_m ist 60 MΩ (je nach Zelltyp und Zustand kein unrealistischer Wert). Dann würde ein Viertel der Spannung, also 5 mV, an R_s abfallen, und nur die restlichen drei Viertel, also 15 mV, würden an R_m abfallen. Das tatsächliche Membranpotential wäre somit nur −75 mV, obwohl der Verstärker uns anzeigt, dass die −80 mV voll und ganz erreicht wurden. Das stimmt ja auch, aber eben für die Gesamtheit von $R_s + R_m$. Wenn der Serienwiderstand dagegen nur 5 % des Membranwiderstands beträgt, ist der Fehler nur 5 %, also 1 mV. Die Zelle würde also bei −79 mV statt −80 mV gehalten, womit man in der Regel leben kann. Aber auch in diesem Fall wird das Verhältnis von R_s zu R_m bei einer Erhöhung der Membranleitfähigkeit (Verkleinerung von R_m) schlechter, sodass in der laufenden Messung doch noch Probleme auftreten können (s. unten). Ein ähnlicher Fehler entsteht übrigens im Current-Clamp-Modus, wo die Injektion eines Stroms zu einem Spannungsabfall an R_s und damit zu einer Verfälschung des gemessenen Membranpotentials führt (Abb. 3.3c).

Auch die Umladung der Kapazität wird durch hohe Serienwiderstände verlangsamt – schließlich muss der Ladestrom ja durch das „Nadelöhr" der Pipettenöffnung. Je geringer der Serienwiderstand ist, desto größer wird der Strom sein, der aus dem Verstärker in die Zelle fließt, um die Differenz zwischen Soll- und Istspannung zu kompensieren. Schließlich wirkt sich R_s auch dann störend aus, wenn sich die Leitfähigkeit der Zellmembran ändert, zum Beispiel während eines postsynaptischen Stroms. Die damit verbundene Potentialänderung sollte im Voltage-Clamp-Modus ja sofort durch Injektion eines entgegengerichteten Stroms ausgeglichen werden. Der Ausgleichsstrom wird aber umso kleiner sein, je größer R_s ist, sodass die Potentialänderung nur verzögert und unvollständig ausgeglichen wird. Amplitude und Kinetik des gemessenen Stroms sind entsprechend verfälscht. Im schlimmsten Fall kann es durch die ungewollte Änderung des Membranpotentials zur Aktivierung spannungsabhängiger Ionenkanäle (insbesondere Na^+-Kanäle) kommen, die große und schnelle Leitfähigkeitsänderungen verursachen und die Spannungsabweichung noch vergrößern (Abb. 5.4).

Je größer der Serienwiderstand relativ zum Membranwiderstand ist, umso unvollständiger und langsamer wird das Membranpotential auf den Sollwert eingestellt und umso mehr werden die gemessenen Ströme gegenüber der eigentlichen Leitfähigkeitsänderung der Membran verzerrt (verlangsamt und verkleinert) wiedergegeben.

3.2.2.1 Kompensation des Serienwiderstands

Die negativen Effekte des Serienwiderstands lassen sich teilweise kompensieren, indem man zu jeder Kommandospannung noch eine zusätzliche Spannung addiert, die proportional zum gerade injizierten Strom ist. Dazu wird ein variabler Anteil der Spannung am Ausgang (die ja dem injizierten Strom entspricht) zum Kommandopotential U_{soll} hinzuaddiert. Somit kann ein Teil des erwarteten Spannungsverlusts an der Pipette ausgeglichen werden, und das gewünschte Potential wird an der Membran vollständiger und schneller erreicht. Die entsprechende Schaltung zeigt Abb. 3.3a.

Die resultierende Spannung an der Pipette entspricht jetzt nicht mehr genau U_{soll}, sondern ist entsprechend dem Serienwiderstand erhöht (Abb. 3.3b, rechts, unten). Auch die transienten Ströme zum Umladen der Zellkapazität werden mit Aktivierung der Serienwiderstandskompensation größer, sodass Spannungsänderungen schneller umgesetzt werden. Die Kombination aus C_m- und R_s-Kompensation verbessert also tatsächlich die Schnelligkeit und Genauigkeit des Voltage-Clamp-Verfahrens! Allerdings beinhaltet der zusätzliche Regelkreis eine positive Rückkopplung, indem mit dem Ausgangssignal des OPA auch die Korrektur des Kommandopotentials wächst, was wiederum das Ausgangssignal des OPA vergrößert. Solche positiven Rückkopplungen sind prinzipiell instabil, und so ist es auch hier. Mit zunehmender R_s-Kompensation nimmt das Rauschen des Stromsignals zu, und ab einer gewissen Größe kommt es zu unkontrollierten Oszillationen des Verstärkers und in aller Regel zum Verlust der Zelle. Darum kann man selbst unter optimalen Bedingungen praktisch nie mehr als 90 % des Serienwiderstands kompensieren; realistische Werte sind 60–70 %.

Auch im Current-Clamp-Modus entsteht bei jeder Strominjektion ein Spannungsabfall an R_s. Man sieht diesen Effekt bei rechteckförmigen Kommandostrompulsen, die eine schnelle Spannungsänderung an der Pipette und erst anschließend eine langsamere an der Zellmembran verursachen (Abb. 3.3c). Der Unterschied in der Kinetik kommt daher, dass C_{pip} kleiner ist als C_m. Der stromabhängige Spannungsabfall an R_s verfälscht natürlich den Messwert des Membranpotentials. Man kompensiert den Effekt, indem man über einen variablen Widerstand ein ähnliches Signal erzeugt und von dem durch die Pipette generierten Potential abzieht (Wheatstone-Brücke oder *bridge balance*; Abschn. 3.1.2).

▶ **Wichtig:** Bei länger andauernden Ganzzellableitungen kommt es oft zum Resealing, das heißt zu einer Zunahme des Serienwiderstands durch teilweisen Verschluss der Zellmembran, bis im Extremfall wieder nahezu eine Cell-attached-Konfiguration erreicht ist. Die Kompensation ist also während des Experiments stets neu zu prüfen und einzustellen. Wie man möglichst kleine Serienwiderstände erhält und was man tun kann, wenn R_s während des Experiments steigt, besprechen wir in Abschn. 5.2.4.1.

Manche Verstärker bieten für Voltage-Clamp-Messungen ein Supercharging zur Kompensation von R_s an (Armstrong und Chow 1987). Hierbei wird ebenfalls die Kommandospannung bei Sprüngen gegenüber dem eingestellten Wert überhöht, jedoch nicht durch die oben beschriebene Rückkopplung mit dem OPA. Vielmehr wird anhand der Werte von C_m und R_s über einen vorgegebenen Algorithmus eine optimal schnelle Kompensation berechnet. Bei diesem Verfahren kommt es nicht zu vermehrtem Rauschen oder gar zu Schwingungen, und es können bei Änderungen des Kommandopotentials sehr effiziente Kompensationen erreicht werden. Die Methode ist besonders gut für die Untersuchung spannungsaktivierter Leitfähigkeiten geeignet, sie verbessert aber nicht die Messgenauigkeit bei konstanter Spannung. In der Zelle entstandene Ströme, die durch den Serienwiderstand verlangsamt gemessen werden, werden ebenfalls nicht korrigiert.

Bei diskontinuierlich arbeitenden Verstärkern (dSEVC) entfallen die Fehler durch R_s und damit auch die Kompensation, dafür muss aber der Arbeitszyklus präzise eingestellt sein.

3.2.2.2 Regeln zur Abschätzung von Serien- und Membranwiderstand (R_s und R_m)

Wir wollen abschließend einige quantitative Regeln nennen, deren Anwendung wichtige Informationen über die Zelle und die Qualität einer Whole-Cell-Ableitung liefern. Die Gleichungen sind anhand von Abb. 3.4 leicht nachvollziehbar und sollen das Verständnis für die Grundlagen der Messung vertiefen. Viele moderne Patch-Clamp-Verstärker und die zugehörigen Programme führen eine automatische Messung und Kompensation von R_s, C_{pip} und C_m durch und geben auch die entsprechenden Werte an, sodass man sie im Alltag nicht berechnen muss. Diese automatische Kompensation ist aber nicht immer exakt und muss über Testpulse kontrolliert werden. Es schadet also keinesfalls, die Herkunft der Größen einmal nachzuvollziehen.

Wir gehen hier nur auf den Fall ein, dass der Serienwiderstand klein gegenüber dem Membranwiderstand ist. Wo dies nicht klappt (was durchaus vorkommt), muss man klar zugeben, dass eine solide Voltage-Clamp-Messung nicht möglich ist. Das gilt nicht für Current-Clamp-Messungen, die auch in diesen Fällen wichtige Aussagen ermöglichen, solange die Kompensation der Pipettenkapazität korrekt ist (s. oben). Zur Abschätzung von R_s und R_m gehen wir wieder von einem rechteckförmigen Kommando-Spannungspuls (Testpuls)

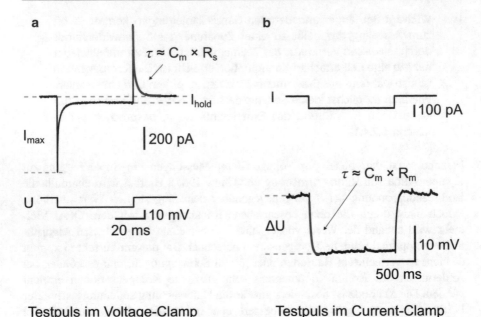

Testpuls im Voltage-Clamp   Testpuls im Current-Clamp

Abb. 3.4 Testpulse im Voltage-Clamp (**a**) und im Current-Clamp (**b**) zur Abschätzung von Kapazität, Serienwiderstand und Membranwiderstand. Die roten Linien zeigen jeweils einen an das Signal angepassten exponentiellen Verlauf mit bekannter Zeitkonstante (*fitting*)

im Voltage-Clamp-Modus aus. Dabei darf die Stromantwort nicht zu niederfrequent gefiltert werden, weil dies die Anstiegsgeschwindigkeit und damit die maximale Amplitude des gemessenen Stroms vermindert (3 kHz als obere Grenzfrequenz sind ein vernünftiger Wert; Abschn. 5.3). Auch die Abtastung des Signals (*sampling rate*) muss unter Berücksichtigung der Filter ausreichend hoch sein (Abschn. 5.3.2). Die Kompensation der Membrankapazität muss für diese Messungen ausgeschaltet sein, ebenso die Serienwiderstandskompensation.

Aus dem ohmschen Gesetz und der Definition der Kapazität ergeben sich für $R_s \ll R_m$ folgende Abschätzungen:

$$R_m \approx \frac{\Delta U}{I_{hold}} \tag{3.1}$$

$$R_s \approx \frac{\Delta U}{I_{max}} \tag{3.2}$$

$$\tau \approx C_m \times R_s \tag{3.3}$$

Gl. 3.1 ist nichts anderes als das ohmsche Gesetz, unter Vernachlässigung von R_s (sonst müsste man anstelle von R_m den Wert $R_m + R_s$ einsetzen). Man berechnet den Widerstand mithilfe des Stroms, der sich nach Umladung zur Erhaltung der neuen (10 mV negativeren) Spannung einstellt (I_{hold}).

Gl. 3.2 ist ebenfalls das ohmsche Gesetz, allerdings nun für den Anfang des Pulses, wenn die Umladung beginnt. Hier wird nur der Serienwiderstand wirksam, der ja begrenzend für den kapazitiven Ladestrom ist. Aus der Gleichung folgt: Je kleiner R_s ist, desto größer ist der anfängliche Strom (I_{max}) und umgekehrt. Der maximale Strom kann nur verlässlich bestimmt werden, wenn nicht zu tieffrequent gefiltert wird!

Gl. 3.3 gibt die Zeit an, in der der transiente Ladestrom auf 1/e (etwa 1/3) seiner ursprünglichen Amplitude (I_{max}) absinkt. Je kürzer diese Zeit ist, desto schneller wird die gewünschte Spannung in der Zelle erreicht. Die Berechnung durch $C_m \times R_s$ wird qualitativ verständlich, wenn man sich klarmacht, dass ein großer Kondensator länger zur Umladung braucht als ein kleiner (τ proportional zu C_m) und ein hoher Serienwiderstand den Strom für die Landungsänderung an der Membran verlangsamt (τ proportional zu R_s). Auch diese Annäherung gilt nur für $R_s \ll R_m$ und nur unter der Annahme, dass die Kapazität der Membran direkt vor der Elektrode liegt (in der Regel am Soma einer kleinen, mehr oder weniger kugelförmigen Zelle). In kompliziert geformten Zellen wie Neuronen ist die Membrankapazität auf verschiedene Kompartimente verteilt (Soma, Stammdendrit, kleinere Dendriten usw.). Damit ist der Ladeprozess deutlich komplizierter und nicht in allen Zellkompartimenten gleich schnell und vollständig. Die gesamte Membrankapazität lässt sich dann nicht mehr so einfach abschätzen wie oben beschrieben. Wir kommen darauf in Abschn. 5.2.4 zurück.

Auch im Current-Clamp-Modus lassen sich Kenngrößen der Messkonfiguration bestimmen (Abb. 3.4b). Hier wird die Amplitude des Strompulses (I_{inj}) vorgegeben, und für die Umladung der Zellmembran gelten folgende Gleichungen:

$$R_m \approx \frac{\Delta U}{I_{inj}} \tag{3.4}$$

$$\tau = C_m \times R_m \tag{3.5}$$

Der Serienwiderstand ist in Abb. 3.4b nicht ablesbar, weil er schon vorher kompensiert wurde, um überhaupt eine aussagekräftige Messung zu erhalten; dies wurde in Abschn. 3.2.2 und Abb. 3.3 beschrieben.

Obwohl sich die meisten Leser vermutlich nicht sehr detailliert mit den hier beschriebenen technischen Details beschäftigen werden, empfehlen wir doch, Kapazität, Serienwiderstand und Membranwiderstand jeder gemessenen Zelle zu dokumentieren (bei längeren Messungen mehrfach). Man sollte außerdem einen einfachen hyperpolarisierenden Testpuls in die Routine des jeweiligen Messprotokolls aufnehmen, um diese Werte auch im Nachhinein für jede Messung bestimmen zu können. Das ist bei später auftretenden Fragen nach der Validität von Messergebnissen extrem hilfreich! Bei größeren Messreihen ist es sinnvoll, nach Korrelationen zwischen den oben genannten Parametern (R_s, R_m, τ) und den eigentlichen Messwerten zu suchen. Das gilt ganz besonders für den Serienwiderstand – wenn die Messergebnisse von R_s abhängen, so ist dies ein sicherer Hinweis auf experimentell bedingte Verzerrungen.

3.2.3 Offset-Potentiale

Unter Offset-Potentialen verstehen wir Spannungen, die nicht vom biologischen Präparat herrühren, sondern von Übergängen innerhalb der Messkette Silber-draht–Pipettenlösung–Badlösung–Erdung. Offset-Potentiale entstehen zwischen verschiedenen Elektrolytlösungen oder zwischen Elektrolytlösungen und Metall-elektroden. Sie addieren sich bei der Messung zum Potential der Membran und können erhebliche Fehler verursachen, besonders, wenn man während des Experi-ments die Badlösung austauscht. Wenn man spannungsabhängige Prozesse charakterisieren will, ist man auf genaue Werte von U_m angewiesen und muss Offsets verhindern oder zumindest kennen und kompensieren. Wir beschreiben hier die wichtigsten Quellen.

3.2.3.1 Elektrodenpotentiale

Am Übergang zwischen elektronischen Messgeräten und der Pipetten- oder Badlösung verwendet man chlorierte Silberdrähte bzw. -pellets (Abschn. 4.4.4). Die Beschichtung mit Silberchlorid erlaubt den Stromfluss in beide Richtungen: Ist der Silberdraht negativer als seine Umgebung, so gehen Chloridionen in Lösung; ist er positiver, verbinden sich Chloridionen an der Elektrode mit elementarem Silber zu AgCl. Im Silberdraht selbst fließen dabei jeweils Elektronen, um Cl^- zu generieren oder die negative Ladung von Cl^- aufzunehmen – so wird das jeweilige Signal von Ionenströmen auf die Messelektronik übertragen (Abb. 3.5a).

Das Prinzip funktioniert natürlich nur so lange, wie nicht blankes Silber an einer der Oberflächen (meistens dem Elektrodendraht) erscheint. Dann kann der oben beschriebene bidirektionale Übergang von Chloridionen nicht mehr erfolgen, sodass Silberionen in Lösung gehen und sich verschiedene Kat- oder Anionen der Lösung am Draht abscheiden. Diese Prozesse führen zu wachsenden positiven oder negativen Polarisierungen des Silberdrahtes und zu Verfälschungen aller gemessenen Potentiale. Man muss also auf gut chlorierte Elektrodendrähte und Erdungen achten. Spätestens bei schwer erklärbaren Änderungen *(drifts)* der gemessenen Potentiale sollte man die Drähte wechseln oder neu chlorieren.

Ein weiterer systematischer Fehler kann durch Änderungen der Chlorid-konzentration entstehen. Das Löslichkeitsprodukt von AgCl ist nämlich konstant, wobei der Anteil des Silbers sehr gering und die Löslichkeit von Cl^- hoch ist. Erhöht oder senkt man nun die Cl^--Konzentration in Bad- oder Elektrodenlösung, so gehen entsprechend mehr oder weniger Chloridionen von der Elektrode in Lösung. Nach der Nernst-Gleichung entsteht bei einer zehnfachen Änderung von Cl^- ein Potential von ca. 60 mV. Wenn man während des Experiments zwischen Badlösungen mit unterschiedlicher Chloridkonzentration wechselt, sollte man daher unbedingt mit einer Agarbrücke arbeiten, bei der der Ag-AgCl-Übergang in einer konstanten Umgebung bleibt (Abschn. 4.4.4).

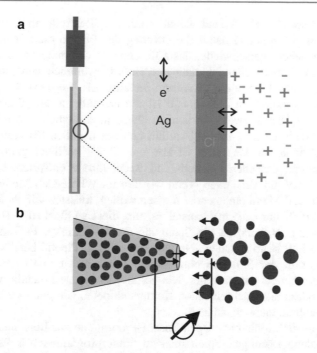

Abb. 3.5 Offset-Potentiale. **a** Übergang zwischen Silberdraht (hellgrau), Silberchloridschicht (dunkelgrau) und umgebender Elektrolytlösung (Abschn. 3.2.3.1). **b** Entstehung eines Übergangspotentials: Die extrazelluläre Lösung enthält ein besonders großes, schwer bewegliches Ion, alle anderen Ionen sind etwa gleich mobil. Durch die ungleiche Beweglichkeit der Ionen entsteht eine Asymmetrie, die zu einem Potential an der Pipettenmündung führt (Abschn. 3.2.3.2)

3.2.3.2 Übergangspotentiale

An jeder Grenzfläche zwischen zwei Lösungen kommt es zu Diffusionsvorgängen der Ionen von einer Seite auf die andere. Dies passiert, sobald wir die offene Pipette ins Bad tauchen und die intra- und extrazelluläre Lösung in Kontakt kommen. Wenn alle An- und Kationen der beiden Lösungen gleich gut beweglich sind, bleibt der Austausch ohne Effekt auf das Potential. Zum Beispiel könnte die intrazelluläre Lösung im Wesentlichen aus KCl bestehen, die extrazelluläre aus NaCl – dann ist alles gut. Wenn aber eine der Lösungen ein besonders großes, schwer bewegliches Ion enthält, so wird dies weniger leicht in die andere Lösung diffundieren als das dort vorhandene kleinere Ion. Dies erzeugt an der Elektrodenspitze ein Potential, das leicht größer als 10 mV werden kann (Abb. 3.5b).

Nehmen wir zum Beispiel eine intrazelluläre Lösung aus Kaliumgluconat ($C_6H_{11}KO_7$). Die Gluconationen sind natürlich weniger mobil als das kleine Cl^- der Badlösung. Es diffundiert also mehr Chlorid aus dem Bad in die Elektrode als Gluconat aus der Elektrode ins Bad. Dadurch entsteht ein Übergangspotential (*liquid junction potential*, LJP), das in der Pipette um etwa 15 mV negativer ist als im Bad. Der Konvention nach wird das LJP aus der Richtung der Badelektrode angegeben, also +15 mV. Sobald wir aber mit der Elektrode eine Patch-Clamp-Konfiguration geformt und damit die Öffnung der Pipette durch eine Membran verschlossen haben, verschwindet das LJP, denn es diffundieren ja keine Ionen mehr frei zwischen Pipettenmündung und Bad. Gewöhnlich wird bei der offen ins Bad getauchten Pipette die stromfreie Situation als V = 0 mV festgelegt, also das Potential „genullt". In diesem Fall ist die Einstellung auf „0 mV" am Verstärker allerdings irreführend – tatsächlich liegen ja zusätzlich −15 mV aufseiten der Pipette. Nach der Seal-Bildung entfällt nun das negative Übergangspotential, das Eingangssignal am Verstärker ist also um 15 mV positiver geworden. 0 mV Potentialdifferenz zwischen Pipetten- und Badelektrode entspricht somit einem Wert von +15 mV am Verstärker. Wenn wir nun im Whole-Cell-Modus zum Beispiel bei −80 mV Membranpotential messen wollen, müssten wir als Kommandopotential folglich nur −65 mV einstellen, um diesen Offset zu berücksichtigen (von +15 mV zu −65 mV ist die Spannung dann −80 mV). Es kann von Vorteil sein, das LJP beim initialen „Nullen" der offenen Pipette bereits zu berücksichtigen oder in der Software einzutragen. Wir würden in diesem Fall nicht 0 mV, sondern bereits das nach der Seal-Bildung erwartete Potential von +15 mV einstellen, sodass alle nachfolgenden Kommandopotentiale auch wirklich an der Zelle als Membranpotential anlägen.

Es gibt gut funktionierende Open-Source-Programme zur Berechnung des LJP für verschiedene Lösungen. Auch manche Steuerprogramme für Patch-Clamp-Messungen enthalten diese Option, sodass man Fehler mit geringem Aufwand vermeiden kann. Man kann das LJP auch selbst messen, indem man die Patch-Pipette zunächst in ein Bad taucht, das ebenfalls die Pipettenlösung enthält (Übergangspotential gleich null). Anschließend füllt man das Bad mit der später verwendeten extrazellulären Lösung – jetzt entsteht das tatsächlich zu erwartende Übergangspotential und kann direkt am Verstärker abgelesen werden. Entsprechende Protokolle sind publiziert (Neher 1992), und es finden sich viele Schritt-für-Schritt-Anleitungen im Internet.

Literatur

Armstrong CM, Chow RH (1987) Supercharging: A method for improving patch-clamp performance. Biophys J 52:133–136

Dolzer J (2021) Patch clamp technology in the twenty-first century. Methods Mol Biol 2188:21–49

Neher E (1992) Correction for liquid junction potentials in patch clamp experiments. Methods Enzymol 207:123–131

Sigworth FJ (1995a) Design of the epc-9, a computer-controlled patch-clamp amplifier. 1. Hardware. J Neurosci Methods 56:ES/*ME2

Sigworth FJ (1995b) Electronic design of the patch clamp. In: Sakmann B, Neher E (Hrsg) Single-channel recording, 2. Aufl. Springer, Boston, MA, S 95–127

Messplatz und technische Geräte

4

Oft beginnt die Arbeit in der Elektrophysiologie, indem man an einem bestehenden Messaufbau *(setup)* eingearbeitet wird – sei es im Rahmen eines Praktikums, einer Qualifizierungsarbeit oder einer neuen Arbeitsstelle. Manchmal muss man dagegen einen Messplatz neu *from scratch* einrichten, was durchaus Vorteile hat, da man ihn dann von Grund auf kennt. Auf jeden Fall empfiehlt es sich, einmal systematisch zu durchdenken, welche technischen Komponenten für die geplanten Patch-Clamp-Ableitungen benötigt werden und worauf man besonders achten sollte. Wenn man das eigene Setup selbstständig aufbauen muss (oder darf), hat man das Wesentliche anschließend ganz sicher verstanden – frei nach dem Physiker und Nobelpreisträger Richard Feynman: *„What I cannot create, I do not understand."* Also: keine Angst vor der Technik!

Auch wenn sich Patch-Clamp-Messplätze je nach Experiment im Detail unterscheiden, so sind doch einige zentrale Bestandteile in praktisch allen Anordnungen wiederzufinden:

- **Optische Komponenten:** In der Regel muss das Präparat mit einer Lupe oder einem Mikroskop so gut sichtbar gemacht werden, dass man die Zielstruktur sehen und mit einer Pipette gezielt ansteuern kann. Oft kommen zusätzliche optische Verfahren hinzu, zum Beispiel Fluoreszenzbildgebung, konfokale Mikroskopie oder optogenetische Stimulationstechniken.
- **Messkammer:** Das Präparat muss stabil in einer geeigneten Kammer gelagert werden, in der es für die Zeit der Messung (Größenordnung: Stunden) in gutem Zustand bleibt. Dazu wird die Kammer meist mit einer zellfreundlichen Nährlösung durchspült. Oft sind beim Design der Kammer zusätzliche Funktionen zu bedenken, zum Beispiel die Temperierung der Messlösung oder schnelle Lösungswechsel für pharmakologische Fragestellungen.
- **Mikromanipulator:** Die Patch-Clamp-Technik lebt von einem engen Kontakt zwischen Pipette und Membran. Zur Positionierung der Pipette benötigt man Mikromanipulatoren, die präzise (µm) und über längere Zeit (Stunden) sehr

F. C. Roth et al., *Patch-Clamp-Technik,* https://doi.org/10.1007/978-3-662-66053-9_4

stabil sein müssen. Das beinhaltet insbesondere eine zug- und erschütterungs-
freie Fixierung des Manipulators.

- **Pipetten und Pipettenhalter:** Die Herstellung von Pipetten erfordert ein gutes
  Pipettenziehgerät (Puller) und etwas Erfahrung, bis man eine für die jeweilige
  Messkonfiguration ideale Form gefunden hat. Die Pipette wird in einen
  speziellen Halter eingespannt, der natürlich mechanisch stabil und darüber
  hinaus luftdicht sein muss, um Unter- und Überdrucke an der Pipette anlegen
  zu können.
- **Elektronische Komponenten:** Kernstück des Patch-Clamp-Aufbaus ist der
  Verstärker zur Messung elektrischer Ströme und Potentiale. Hinzu kommen
  oft weitere Geräte zur Ableitung anderer elektrischer Signale (z. B. Feldpotentiale), zur Nachbearbeitung der gemessenen Daten (z. B. Filter gegen
  Störsignale) oder zur elektrischen Stimulation.
- **Datenverarbeitung:** Die gemessenen Signale werden in aller Regel
  digitalisiert und können dann im PC grafisch dargestellt, gespeichert und ana-
  lysiert werden (seltener auch auf einem Oszilloskop). Dazu werden Analog-
  Digital-Wandler benötigt, die Ausgangssignale der Verstärker und anderer
  Messgeräte (analoge Spannungssignale) in digitale Daten umwandeln. Diese
  Wandler sind bei einigen Verstärkern und digitalen Oszilloskopen bereits
  integriert. Für die Dokumentation und spätere Analyse der Daten sollte man auf
  jeden Fall viel Zeit einplanen. Faustregel: 1 Tag Messung = 1 bis 2 Tage Analyse.

In diesem Kapitel wollen wir die wichtigsten Komponenten von Patch-Clamp-
Messplätzen besprechen, die zum Teil in Abb. 4.1 dargestellt sind. Wir werden die
grundlegende Funktion der Geräte erläutern, verschiedene Typen vorstellen und
darauf hinweisen, was man beim Kauf und bei der Installation beachten sollte.
Oftmals ist es sinnvoll, bestimmte Teile selbst zu bauen oder anzupassen – auch
darauf wollen wir in diesem Kapitel eingehen.

4.1   Die Optik

Für eine Patch-Clamp-Ableitung möchte man die Zellen oder Zellverbände
(Gewebe) in aller Regel sehen, während man sich mit der Pipette dem Ziel
annähert. Mitunter kann die Visualisierung aber auch bis zu subzellulären
Strukturen nötig sein, wie bei Ableitungen von Axonen oder Dendriten. Fast
immer wird man optische Hilfsmittel benötigen, die das Präparat und die Pipette
mit der jeweils geforderten Auflösung sichtbar machen.

   In der modernen Physiologie spielen optische Verfahren insgesamt eine enorm
wichtige Rolle – dies gilt auch für die Elektrophysiologie. Sehr viele Patch-Set-
ups enthalten entweder aufwendige Mikroskope (z. B. Fluoreszenz-Imaging,
konfokale Mikroskopie) oder Geräte für zusätzliche optische Verfahren (z. B.
optogenetische Stimulation, *uncaging*). Kurz: Ohne Optik geht es nicht. Aber
glücklicherweise auch nicht ohne Elektrophysiologie…

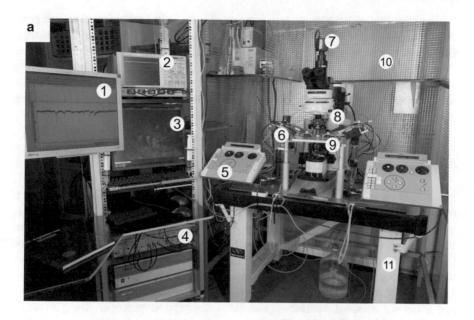

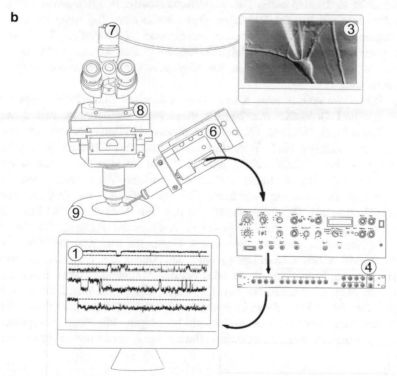

Abb. 4.1 **a** Patch-Clamp-Messplatz. 1: PC-System zur Datenaufnahme, 2: Oszilloskop, 3: PC-Monitor für Mikroskopkamera, 4: Patch-Clamp-Verstärker und A/D-Wandler, 5: Manipulator-steuerung, 6: Manipulator mit Headstage, 7: Mikroskopkamera, 8: Mikroskop, 9: Messtisch mit Messkammer, 10: Faraday-Käfig, 11: Schwingungsgedämpfter Tisch. **b** Illustration der Messkette

Zum Patchen visualisierter Zellen verwendet man ein Lichtmikroskop mit etwa 200- bis 600-facher Gesamtvergrößerung am Okular, das mit einer Kontrastverstärkungsoptik ausgerüstet sein sollte. Bei dünnen Präparaten (z. B. einschichtigen Zellkulturen) ist das Objektiv meist von unten auf die Zellen gerichtet (inverses Mikroskop), sodass man oben viel Platz für die Pipette hat. Bei dicken, mehrschichtigen Präparaten (z. B. Hirnschnitten, Organoiden) muss man meist von oben auf das Präparat schauen (aufrechtes Mikroskop).

4.1.1 Das inverse Mikroskop

Bei einem inversen Mikroskop (Abb. 4.2a) ist das Objektiv nach oben gerichtet, man blickt also von unten auf die Zellen, sodass darüber viel Platz für die Messpipette, die Badperfusion und andere Aufbauten bleibt. Der Raum über dem Präparat wird nur durch die Beleuchtungseinrichtung mit dem Kondensor begrenzt, weswegen man Kondensoren mit genügend großem Arbeitsabstand verwenden muss. Weil das Objektiv des inversen Mikroskops dem Boden der Messkammer sehr nahe kommen kann, lassen sich relativ stark vergrößernde Objektive mit hoher numerischer Apertur verwenden; Ölimmersion ist jedoch lästig zu handhaben und meist auch nicht nötig. Die numerische Apertur des Kondensors sollte genauso groß sein wie die des Objektivs. Dabei sollte man eine Long-Distance-Version wählen, sodass der Arbeitsabstand ausreichend groß bleibt (z. B. > 5 cm). Für eine gute Darstellung der Zelloberflächen setzt man kontrastverstärkende Methoden ein, wobei in Zellkulturen im Allgemeinen eine Phasenkontrasteinrichtung ausreicht.

In der Praxis verwendet man Kondensoren mit einer numerischen Apertur von etwa 0,6 und Objektive mit 20- bis 40-facher Vergrößerung, mit denen „übliche" Zellen (z. B. Neurone, Gliazellen, Herzmuskelzellen oder Fibroblasten) ausreichend gut sichtbar sind. Weiterhin sollte man ein Objektiv geringerer Vergrößerung (4- bis 10-fach) haben, um die Zellen im Überblick lokalisieren zu können. Auch die Pipette findet man in der geringen Vergrößerung leichter und schaltet erst kurz vor der Annäherung an die Zelle auf das Objektiv mit hoher Vergrößerung um. Das Fokussieren von der Unterseite durch das Präparat hindurch ist allerdings für viele ungewohnt. Anfangs ist dadurch die Suche nach der Pipettenspitze mühsam, und etwas Glasbruch am Kammerboden ist ganz normal. Mit zunehmender Übung wird der Ablauf des Experiments aber schnell zur Routine. Zum Fokussieren wird bei den geeigneten Mikroskopen das Objektiv nach oben oder unten bewegt. Der Tisch, der ja die Messkammer mit den Zellen trägt, ist statisch. Wenn er ausreichend stabil ist, kann man dort einen kleinen Mikromanipulator für die Messpipette befestigen. Mit dieser kompakten Anordnung vermeidet man ungewollte Bewegungen zwischen Pipette und Präparat.

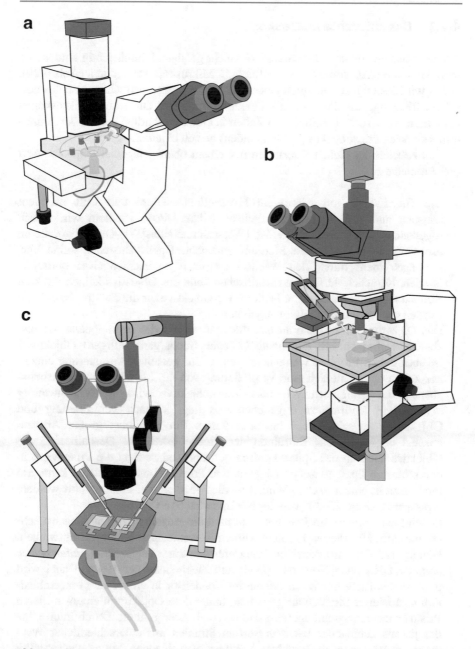

Abb. 4.2 Inverses (**a**) und aufrechtes (**b**) Mikroskop für Patch-Clamp-Experimente. **c** Stereolupe über einer Interface-Kammer

4.1.2 Das aufrechte Mikroskop

Arbeitet man an „dicken" Präparaten, die nicht genügend durchsichtig sind, sollte man kein inverses, sondern ein aufrechtes Mikroskop verwenden (Abb. 4.2b). Dabei wird das Objekt von unten beleuchtet und von oben betrachtet, also aus derselben Richtung, aus der auch die Pipette kommt. Mit aufrechten Mikroskopen kann man von visuell identifizierten Zellen in Gewebeschnitten oder anderen dreidimensionalen Präparaten (z. B. Organoiden) gezielt ableiten.

Das Arbeiten an dicken Präparaten mit einem oben gelegenen Objektiv wirft drei Probleme auf:

1. Die Grenzfläche von wässrigem Extrazellulärmedium und Luft ist nicht konstant und verfälscht hochaufgelöste Bilder. Dieses Problem wird durch sogenannte Tauchobjektive gelöst (Wasserimmersions(WI)-Objektive), deren Frontlinse in das wässrige Medium eintaucht. Damit entstehen keine Verzerrungen mehr durch den Wechsel zwischen unterschiedlichen optischen Medien. Natürlich dürfen die metallischen Teile des Objektivs keinen direkten Kontakt zum Bad bekommen. Isolierte WI-Objektive für die Elektrophysiologie werden von vielen Herstellern angeboten.
2. Das Objektiv kommt nahe an das Präparat, sodass der verbleibende Arbeitsabstand gering ist. Mit den heute üblichen (nicht ganz billigen) Objektiven ist auch dieses Problem weitgehend gelöst. Zur gezielten Ansteuerung einzelner Zellen empfiehlt sich eine Vergrößerung von 40- bis 63-fach. Der Arbeitsabstand der geeigneten WI- oder Tauchobjektive wird als WD *(working distance)* in Millimetern angegeben und liegt je nach Vergrößerung und Objektivtyp zwischen ca. 2 bis über 5 mm. Ein möglichst großer Arbeitsabstand erleichtert das Einführen der Pipette erheblich! Deshalb sind die Objektive auch an der Spitze konisch geformt, sodass man die Pipette gut in den schmalen Spalt zwischen Objektiv und Präparat hineinbugsieren kann. Sie muss dazu in einem flachen Winkel an die Messkammer herangeführt werden, typischerweise ca. 25–30° von der Horizontalen (Abb. 4.2b links).
3. Durch Lichtstreuung im Präparat sieht man die einzelnen Zellen zunächst sehr kontrastarm. Für dieses Problem wurden verschiedene Verfahren entwickelt. Gängig ist der differenzielle Interferenzkontrast *(differential interference contrast*, DIC) nach Nomarski (Dodt und Zieglgänsberger 1990). Dabei wird polarisiertes Licht durch ein Prisma im Kondensor in viele Paare unterschiedlich polarisierter Strahlen aufgespalten, hinter dem Objektiv in einem weiteren Prisma wieder zusammengeführt und im Analysator gefiltert. Durch Interferenz der jeweils zueinander leicht versetzten Strahlen mit unterschiedlicher Weglänge entsteht dann ein erhöhter Kontrast. Verschiedene Mikroskophersteller haben das DIC-Verfahren weiterentwickelt und bieten leicht unterschiedliche Lösungen an. Auch Kontrastverstärkungen durch optische Komponenten im Strahlengang der Beleuchtung haben sich sehr bewährt. Beim Gradientenkontrast nach Dodt (Dodt et al. 1998; 2002) wird das Licht zwischen Mikroskoplampe und Kondensor in einem zusätzlichen Tubus zunächst durch ein

Kreissegment *(quarter annulus)* gefiltert und anschließend mithilfe eines Diffusors als Helligkeitsgradient aufgespreizt. So entsteht ein Gradient in der Beleuchtung des Präparats, in dem es außerdem zu Interferenzen zwischen Wellen mit unterschiedlich langen Laufwegen kommt. Beides verstärkt den Kontrast. Ähnlich funktioniert der *oblique contrast*, bei dem das Licht durch den Kondensor schräg und seitlich versetzt in das Präparat eingestrahlt wird. Die Gradientenverfahren sind etwas flexibler einsetzbar als DIC und lassen sich leichter mit Fluoreszenzmikroskopie kombinieren.

Für dicke Präparate (z. B. Hirnschnitte) hat sich die Infrarotbeleuchtung durchgesetzt, bei der Licht mit besonders langer Wellenlänge (775–900 nm) verwendet wird, das im Gewebe weniger streut. Man benötigt bei diesem Verfahren nur einen Infrarot(IR)-Filter zwischen Lichtquelle und Objekt (bei Herstellern von Spezialgläsern oder Mikroskopen erhältlich) sowie eine IR-sensitive Kamera.

▶ **Tipp** Es finden sich manchmal preisgünstige Videokameras, die einen eingebauten IR-Sperrfilter haben, den man einfach herausnehmen kann.

Ideal für dicke Präparate sind schließlich konfokale Techniken von „einfacher" konfokaler bis zur 2-Photonen-Mikroskopie. Diese Lösungen sind jedoch recht teuer und in der Regel nur für spezielle Anwendungen notwendig. Das gilt zum Beispiel, wenn tiefere Strukturen mithilfe von Fluoreszenzsignalen bei hoher Auflösung untersucht werden oder wenn weitere Verfahren wie subzelluläres Live-Imaging oder hochgradig fokussierte Stimulationstechniken (Optogenetik oder Photolyse von *caged compounds*) zum Einsatz kommen.

Viele Hersteller bieten auch Module an, die das Bild im Strahlengang des Mikroskops zwischenvergrößern. Das erlaubt, durchgehend mit einem mittelstarken Objektiv (z. B. 25-fach) zu arbeiten (z. B. bei Kombination mit Fluoreszenz-Imaging) oder sehr kleine Strukturen mit der Patch-Pipette zu treffen. Durch die Zwischenvergrößerung wird das Bild aber lediglich optisch „aufgeblasen", ohne die Auflösung zu erhöhen. Wir sehen diese Variante als interessante Option, aber keinesfalls als Muss.

Wer im Experiment darauf angewiesen ist, das Gesichtsfeld zu verschieben, um zum Beispiel mehrere Ableit- oder Stimulationselektroden zu positionieren, sollte das Mikroskop auf einen in zwei Achsen beweglichen Kreuztisch (XY stage, *shifting table*) montieren, damit es sich gegenüber der Messkammer verschieben lässt. Messkammer und Mikromanipulator müssen dabei separat befestigt sein, also unabhängig vom Mikroskop. Solche Kreuztische werden von spezialisierten Geräteherstellern mit Stellschrauben für den Handbetrieb oder mit Motorsteuerung für automatisierte Positionierung angeboten. Alternativ können auch Messkammer und Manipulatoren zusammen auf einer Plattform bewegt werden, falls das Mikroskop fest mit unbeweglichen Teilen des Strahlengangs verbunden sein sollte. Das Ergebnis ist in der Praxis gleich.

Die Möglichkeiten, ein aufrechtes Mikroskop für Patch-Clamp-Experimente zusammenzustellen, sind also vielfältig. Man sollte sich sehr genau über die Bedingungen klar werden, bei denen man messen will: Wie viele Mess-, Stimulations- oder Applikationspipetten benötige ich? Brauche ich eine Fluoreszenzvorrichtung und dafür ein besonderes Objektiv? Gibt es spezielle Anforderungen an die Messkammer? Es lohnt sich immer, vorab erfahrene Kolleginnen und Kollegen zu befragen und sich deren Messapparaturen anzusehen. Viele Mikroskophersteller und Spezialfirmen für Elektrophysiologie haben sich längst auf die Anforderungen der Patch-Clamp-Technik eingestellt und geben kompetente Auskünfte. Viele bieten auch Komplettlösungen an, bei denen das Mikroskop fertig für das Patch-Clamp-Experiment ausgerüstet ist.

4.1.3   Einfache Binokulare oder Lupen

In einigen Fällen ist es nicht möglich oder erforderlich, von einer bestimmten, visuell identifizierten Zelle abzuleiten, zum Beispiel, wenn die optischen Verhältnisse zu schlecht sind (etwa bei Ableitungen von tiefliegenden Strukturen in vivo) oder wenn das Präparat in einer Kammer liegt, die nicht für hochauflösende Mikroskopie geeignet ist (Interface-Kammer; Abschn. 4.2.3). In solchen Fällen kann man mit einer niedrigen Übersichtsvergrößerung auf das Präparat schauen, um die Pipette an der richtigen Stelle und im richtigen Winkel in das Gewebe einzuführen. Die eigentliche Patch-Clamp-Konfiguration erreicht man dann ausschließlich durch Kontrolle der Antwort auf einen elektrischen Testpuls, die sich mit der Annäherung an die Zelle und Herstellung des Seals charakteristisch verändert (Abschn. 5.1). Das Verfahren ähnelt also etwas dem „Blindflug" eines Flugzeugs bei Nacht und heißt entsprechend *Blind*-Patch.

Hierfür bieten sich Binokulare an, die als Stereo- (preisgünstig) oder Operationsmikroskope (teuer) in allen Qualitätsstufen erhältlich sind (Abb. 4.2c). Die Vergrößerung kann man stufenweise oder sogar per Zoom verändern, typischerweise bis etwa 100-fach, darüber wird die Schärfentiefe zu gering. Natürlich sollte man beim Kauf auch hier auf großen Arbeitsabstand achten, um Freiraum für Pipetten und Manipulatoren zu gewährleisten – dabei geht es aber um Dimensionen von 10 cm oder mehr, die Anordnung ist also im Vergleich zu hochauflösenden Mikroskopen eher luxuriös.

Sinnvoll ist eine separate, nicht zu schwache Lampe, möglichst mit Lichtleiter, sodass Netzteil und Kabel in einiger Entfernung vom Präparat bleiben. Die von den Mikroskopherstellern als Standard mitgelieferten Lichtquellen sind meist zu schwach und verursachen manchmal Störsignale durch elektromagnetische Induktion. Ein Trick kann sein, das Wechselstromnetzteil einer „Schwanenhalslampe" auszubauen und die Lampe mit einem Gleichspannungsnetzteil zu versorgen, das außerhalb des Faraday-Käfigs aufgestellt wird (Abschn. 4.2).

4.1.4 Kameras

In den meisten Fällen wird man das Präparat nicht durch Okulare betrachten, sondern das Bild per Kamera auf einem PC oder separaten Monitor sichtbar machen. Einige Hersteller verzichten inzwischen sogar komplett auf Okulare. Mit einem bequem sichtbaren Kamerabild schont man nicht nur Nackenmuskulatur und Bandscheiben, sondern erhält oft auch ein deutlich besseres Bild mit stärkerer Vergrößerung (~2-fach). Durch die Nutzung einer Mikroskopkamera lassen sich auch Objektive mit größtmöglicher numerischer Apertur nutzen, was die Lichtausbeute und die Auflösung verbessert. Der damit einhergehende Verlust an Kontrast kann durch digitale Nachbearbeitung des Bildes ausgeglichen werden (Kontrastverstärkung, Mittelung oder Hintergrundsubtraktion). Bei Verwendung von infrarotem Licht ist ein Kamerasystem natürlich obligatorisch.

Eine Mikroskopkamera hat noch einen weiteren Vorteil: Während der Herstellung eines Seals kann der Experimentator am Monitor gleichzeitig die Pipette und die elektrophysiologischen Signale beobachten (Abschn. 5.1). Auch während der eigentlichen Patch-Clamp-Messung kann man so die untersuchte Zelle laufend beobachten und sogar weitere Elektroden positionieren, ohne direkt in das Mikroskop blicken zu müssen – dies hilft, Erschütterungen und elektrische Störsignale zu vermeiden. Auf spezielle Mikroskopiertechniken gehen wir in Kap. 6 ein.

▶ *Tipp* Bei empfindlichen oder komplexen Präparaten ist manchmal eine schlechte Sichtbarkeit von Zellen Ausdruck einer schlechten „Qualität" des Präparats. Dieser allgemeine Begriff ist nicht leicht zu definieren, läuft aber darauf hinaus, dass bei Freilegen, Zuschneiden, Transport oder Lagerung des Präparats Schädigungen der zellulären Integrität oder der Homöostase (pH, Ionen, Osmolarität, O_2 usw.) aufgetreten sind. Es lohnt sich immer, viel Mühe in die Optimierung der Gewebequalität zu investieren und erfahrene Kolleginnen und Kollegen zu befragen, die mit genau diesem Präparat Erfahrung haben.

4.2 Messtisch und mechanische Komponenten

4.2.1 Messtisch und Käfig

Selbst geringste Bewegungen zwischen Präparat und Pipette stören die hochempfindlichen Patch-Clamp-Messungen. Deswegen muss der Messplatz von mechanischen Schwingungen und Erschütterungen der Umgebung abgeschirmt werden. Jedes Gebäude ist solchen Schwingungen ausgesetzt, sei es durch elektrische Geräte, den vorbeifließenden Verkehr oder einfach nur durch die lieben Kolleginnen und Kollegen, die die Tür zuschlagen.

4.2.1.1 Der schwingungsgedämpfte Tisch

Ein schwingungsgedämpfter Tisch schaltet viele mechanische Störungen verlässlich aus. Typischerweise bestehen die Tische aus einem stabilen Unterbau aus Metall und einer 100–300 kg schweren, massiven oder durch interne Verstrebungen stabilisierten Platte. Die Resonanzfrequenz solcher Tische ist sehr niedrig (wenige Hertz); dies bedeutet, dass schnellere Bewegungen effektiv gedämpft werden (z. B. Erschütterungen durch schlagende Türen oder durch Kompressoren von Kühlschränken; dagegen sind Gebäudeschwingungen in hohen Stockwerken oft tieffrequent und werden nicht gut abgefangen). Meist ist die Platte auf luftgefederten Stoßdämpfern gelagert, die in den Tischbeinen angebracht sind. Deshalb sollte in einem Patch-Clamp-Labor möglichst ein Druckluftanschluss vorhanden sein. Alternativ kann man – weniger elegant – mit kleinen Kompressoren oder gut gesicherten (!) Druckluftflaschen arbeiten. Tische in verschiedenen Größen und Ausführungen werden im spezialisierten Laborhandel angeboten. Oft laufen sie unter dem Namen *optical tables* was uns als Elektrophysiologen irgendwie diskriminiert. Aber bevor man bei der Internetsuche ins Leere läuft, sollte man daran denken.

Bei der **Auswahl des Tisches** sollte man die erforderliche Größe und die notwendige Stabilität bedenken. Für einfache Aufbauten aus Mikroskop, Mikromanipulator(en) und Messkammer reichen etwa 100×80 cm aus, bei größeren Anlagen (z. B. mit auf demselben Tisch aufgebauten Laserlichtquellen) können aber auch 200 cm Kantenlänge nötig sein. Alle für die Anwendung gängigen gedämpften Tische fangen vertikale Schwingungen ab (natürlich mit Preis- und Qualitätsunterschieden), aber nicht alle Tische sind gut gegen horizontale Störungen geschützt. Wo diese auftreten, bieten sich besonders Modelle mit innen hohlen Metallauflagen an, die intern verstrebt sind. Nur in wirklich extremen Fällen sind eventuell Tische nötig, die Bewegungen messen und durch aktive, piezoelektrisch erzeugte Gegenbewegungen ausgleichen. Wenn niemand im Gebäude einschlägige Erfahrungen hat, sollte man mit einem Hersteller oder Händler einen Test vor Ort vereinbaren, bevor man sich für ein Modell entscheidet.

Ein praktisches Ausstattungsmerkmal sind Tischplatten mit vorgefertigten Gewindelöchern. Wenn man über gutes Werkzeug oder gar eine Werkstatt verfügt, kann man diese natürlich nach Bedarf selbst schneiden. Bei Verwendung von Steinplatten (sehr schwer, sehr robust und relativ billig) kann man ggf. eine Metallplatte mit Löchern für die Befestigung von Geräten auflegen. Sehr nützlich sind auch Magnete als Halterungen – das Metall der Tischplatte oder Auflage sollte also unbedingt magnetisierbar sein.

▶   *Tipp* Wenn man in einem sehr stabilen Gebäude arbeitet, kann man
     unter Umständen auf einen fertig gekauften Spezialtisch verzichten.
     Beim Eigenbau legt man eine schwere Stein- oder Metallplatte auf
     schwingungsdämpfende Objekte wie Reifenschläuche von Kinder-
     rollern, Tennisbälle oder Schaumstoff, die wiederum auf einem stabilen
     Tisch liegen. Auch sogenannte Wägetische sind möglicherweise

geeignet und stehen in manchem Institutskeller ungenutzt herum. Eigenbautische haben jedoch häufig störende Resonanzfrequenzen und kommen nicht an die Qualität der kommerziellen Angebote heran. Wenn irgend möglich raten wir zur Anschaffung eines professionellen Tisches.

Bei der **Positionierung des Messplatzes** ist zu beachten, dass es bezüglich der mechanischen Stabilität große Unterschiede zwischen verschiedenen Gebäuden, Räumen und Stellen innerhalb jedes Raumes gibt. Man sollte also ruhig einige Zeit für die Suche nach dem optimalen Platz investieren. Probieren geht hier über die starre Anwendung von Regeln. Wir geben trotzdem einige Hinweise: Den Tisch stellt man am günstigsten in eine Ecke des Raumes oder nahe an eine tragende Wand, weil dort die Schwingungen des Bodens am geringsten sind. Der Tisch sollte nicht zu nahe an Türen und Durchgängen stehen, das vermeidet unnötigen Stress mit den Kolleginnen und Kollegen. Auch die Nähe zu Kühl-, und Gefriergeräten ist ungünstig, da deren Kompressor typischerweise während des entscheidenden Experiments anläuft, was signifikante Störsignale verursachen kann. Eine oft übersehene Quelle von Störungen sind Raumlüftungen, die je nach Betriebszustand variierende und äußerst hartnäckige Bewegungen der Pipette auslösen können. Wenn man nicht ausweichen oder die Lüftung ausstellen kann, muss man eventuell den Messplatz mit Tüchern, Folien oder Metallplatten abschirmen.

Damit man während des Experimentierens nicht versehentlich den Tisch berührt, empfiehlt es sich, den Schwingungstisch mit einer Art festem „Übertisch" zu umgeben. Dieser steht, sozusagen wie eine Matroschkapuppe, über dem eigentlichen Messtisch und hat in der Mitte eine Aussparung für das Mikroskop, die Messkammer und die Manipulatoren. Auf diesem „Übertisch" kann gleichzeitig der Faraday-Käfig zur elektrischen Abschirmung stehen (Abschn. 4.2.1.3). Viele Hersteller bieten hierfür Rahmen an, die vom starren Untergestell aus um die Tischplatte herumreichen.

Auf dem schwingungsgedämpften Messtisch sollten sich nur notwendige Dinge befinden: Mikroskop, Messkammer, Mikromanipulator mit Pipettenhalter und Vorverstärker. Idealerweise sind alle Komponenten, die mit den Zellen in Berührung kommen, mechanisch gekoppelt, sodass keine Relativbewegungen entstehen. Kabel und Schläuche sollten ordentlich verlegt und möglichst kurz sein, keine Schleifen bilden und sorgfältig durch Zwischenfixierungen zugentlastet werden.

4.2.1.2 Konfiguration des Messplatzes

Im Nahbereich des Präparats befinden sich normalerweise vier Komponenten: das Mikroskop, eine Messkammer zur Aufbewahrung des Präparats, der Mikromanipulator mit Pipettenhalter und Pipette, und der Vorverstärker (das Herzstück des Patch-Clamp-Verstärkers; dazu mehr in Abschn. 4.3.1). Oft befinden sich die kleineren Gegenstände auf einer eigenen Plattform, die als Mikroskoptisch oder Messtisch bezeichnet wird und selbst wiederum auf dem viel größeren schwingungsgedämpften Tisch ruht. Es gibt viele verschiedene Konfigurationen elektrophysiologischer Messplätze – wir stellen hier vier grundlegende Varianten vor:

1. **Kompakte Anordnung auf dem Mikroskoptisch:** Die meisten Mikroskope haben einen eigenen Tisch zur Auflage des Präparats. Wenn dieser ausreichend groß und stabil ist, kann man dort die Messkammer und den Mikromanipulator befestigen, oft auch den Vorverstärker. Damit hat man einen sehr kompakten Aufbau, der Relativbewegungen der Komponenten minimiert. Man verwendet hierfür kleine, leichte Mikromanipulatoren, die von verschiedenen Firmen angeboten werden. Eine typische Anwendung ist die „einfache" Ableitung mit einer einzelnen Pipette von kultivierten Zellen im inversen Mikroskop.

2. **Separater Messtisch:** Bei der etwas größeren und flexibleren Variante werden die mechanischen Komponenten vom Mikroskop getrennt. Typischerweise sind sie dann auf einem separaten Messtisch montiert, dessen Höhe und Abmessungen mit dem Mikroskop abgestimmt sind. Dieser Tisch ist an stabilen Säulen befestigt, die wiederum auf dem großen schwingungsgedämpften Tisch ruhen. Er trägt die Messkammer und die Mikromanipulatoren, sodass keine Relativbewegungen auftreten können. Alternativ können die Manipulatoren auch unabhängig von der Messkammer an Stativen oder Säulen befestigt sein – in diesem Fall können alle Elemente durch horizontale Schienen miteinander verbunden werden, um Relativbewegungen zu vermeiden. Solche Säulen (optical rails) sind samt den notwendigen Verbindungsklemmen von verschiedenen Herstellern beziehbar. Das von der eigentlichen Messkammer entkoppelte Mikroskop kann bei dieser Anordnung auf einem separaten Kreuztisch montiert sein, sodass es gegenüber dem Präparat verschoben werden kann. Typische Anwendungen sind Ableitungen von Hirnschnittpräparaten, Ableitungen mit mehreren Elektroden (mehrfache Patch-Clamp-Ableitungen, Kombination mit Feldpotentialmessungen) oder der Einsatz zusätzlicher Komponenten nahe am Präparat (elektrische Stimulation, schnelle Substanzapplikation, optische Fasern usw.).

3. **Blind-Patch-Anordnungen:** In manchen Anwendungen ist es nicht möglich oder notwendig, die einzelnen Zellen und die Pipettenspitze zu sehen. Man orientiert sich in diesen Blind-Patch-Anwendungen an gröberen anatomischen Strukturen wie Zellschichten oder Organgrenzen und stellt die Patch-Clamp-Konfiguration allein aufgrund der elektrischen Signale her (Abschn. 5.1). In solchen Fällen kann man auf eine hochauflösende Optik verzichten und stattdessen eine Lupe bzw. ein Stereomikroskop mit größerem Arbeitsabstand verwenden. Messkammer und Manipulatoren können nun viel freier konfiguriert werden. Das Präparat liegt dann zum Beispiel in einer temperierten und begasten Interface-Kammer (Abschn. 4.2.3), und die Pipette kann in einem sehr steilen Winkel in das Präparat eingeführt werden. Typische Anwendungen sind Ableitungen aus Hirnschnittpräparaten, oft kombiniert mit anderen elektrophysiologischen oder optischen Techniken wie „scharfen" intrazellulären Ableitungen, extrazellulären Ableitungen oder großflächiger Erfassung von Netzwerkaktivität mit kalzium- oder spannungssensitiven Farbstoffen.

4. **In-vivo-Patch-Clamp:** In neuerer Zeit werden vermehrt Patch-Clamp-Messungen an lebenden Tieren (meist Nagern) durchgeführt, zum Teil sogar während aktiven Verhaltens im Wachzustand. Der Aufbau solcher Messplätze ist grundsätzlich anders als bei In-vitro-Messungen. In aller Regel handelt es sich um „blinde" Patch-Clamp-Ableitungen in der Whole-Cell-Konfiguration (Abschn. 6.8). Meist hat man oberhalb des Tieres lediglich eine Lupe zur Grobpositionierung der Pipette zur Verfügung, die durch ein vorher angefertigtes Loch in Schädeldecke und Dura eingeführt wird. Entscheidend ist, dass das Tier stabil und stressfrei gelagert wird, damit keine Relativbewegungen zur Pipette auftreten. Dazu dient bei anästhesierten Tieren ein stereotaktischer Rahmen, den man für Mäuse oder Ratten kaufen kann. Alternativ bringt man auf dem Kopf eine Halterung an, mit der das Tier während der Ableitung fixiert wird. Auf diese *head fixed*-Konfiguration kann man Mäuse oder Ratten sogar trainieren, sodass sie sich ohne Stress auf einem Laufband oder -ball bewegen und im aktiven Verhalten untersucht werden können. Da solche Experimente ausschließlich in spezialisierten Laboren mit sehr spezieller Expertise durchgeführt werden, verzichten wir hier auf eine genauere Darstellung. Es sind sogar Patch-Clamp-Ableitungen in frei beweglichen Tieren gelungen, aber das ist sicher nichts für ein Einführungsbuch.

4.2.1.3 Elektrische Abschirmung

Ein Charakteristikum der Patch-Clamp-Technik ist die extrem große Verstärkung. Die winzigen elektrischen Signale von einzelnen Zellen oder Ionenkanälen können leicht von elektrischem Hintergrundrauschen überlagert werden – man muss also das Signal-Rausch-Verhältnis optimieren. Die wesentliche Störquelle im niederfrequenten Bereich ist das sogenannte Netzbrummen, also Einstreuungen des elektromagnetischen Wechselfeldes, das vom öffentlichen Spannungsnetz erzeugt wird und sich durch die metallischen Komponenten und stromführenden Kabel in den Messaufbau überträgt (Frequenz in Europa 50 Hz, auf dem amerikanischen Kontinent und in einigen anderen Ländern 60 Hz). Hinzu kommt hochfrequentes Rauschen, das durch verschiedene Vorgänge entsteht, die wir in Abschn. 5.3.1 zusammenfassen. Dort geben wir auch detaillierte Hinweise, wie sich das elektrische Rauschen und Brummen verringern lässt. Schon beim Aufbau des Messplatzes sollte man aber einige einfache Regeln beachten, was spätere Frustrationen vermeiden kann.

Die Einstreuung des Netzbrummens kann man durch einen Faraday-Käfig reduzieren, der das Innere des Messstandes vor elektromagnetischen Feldern abschirmt. Ein solcher Käfig ist kein Muss und in vielen Fällen verzichtbar. Er kann aber eine wesentliche Erleichterung darstellen, und wir raten in allen Zweifelsfällen klar dazu. Bastellösungen wie mit Alu umwickelte Pappkartons in der Nähe der Messkammer mögen ihren Charme haben, effizientes Arbeiten mit soliden Konstruktionen macht aber langfristig deutlich mehr Spaß.

Der Käfig bildet eine große Haube über dem gesamten Messaufbau. Es gibt käufliche Faraday-Käfige, aber wer eine Werkstatt zur Verfügung hat, kann

relativ leicht einen individuell zugeschnittenen Käfig aus Profilrohr und Metall-
blechen oder leitfähigen Folien mit metallischer Beschichtung bauen (lassen).
Manche benutzen zur Abschirmung sogenannte μ-Metalle mit hoher magnetischer
Permeabilität, die magnetische Felder etwas besser abschirmen als konventionelle
Metalle. An festen Käfigen aus magnetisierbarem Metall kann man bequem
weitere Komponenten, zum Beispiel Perfusionsanlagen, mit Magneten befestigen.
Wenn man die Wandplatten des Käfigs nur mit Magnetstreifen oder mit schnell
lösbaren Flügelmuttern am Rahmen befestigt, sind Umbaumaßnahmen besonders
leicht möglich.

Bei starken elektromagnetischen Störungen sollte ein Messplatz auch nach
vorn abgeschirmt sein. Dazu kann man mit Scharnieren eine Tür anbauen oder
eine Art Vorhang verwenden, der sich zum Pipetten- oder Präparatewechsel öffnen
lässt. Wichtig ist die mechanische Entkopplung des Käfigs vom eigentlichen
Messtisch. Der Käfig ist entweder Teil des bereits beschriebenen Übertisches,
oder er steht auf eigenen Beinen. Nie den Käfig auf den Schwingungstisch selbst
stellen!

Im Inneren (wenige Zentimeter oberhalb der schwingungsisolierten Tischplatte) kann man eine Art Fensterbank anbringen, auf der man Kleinteile ablegen
und sich beim Arbeiten abstützen kann. Nach einiger Zeit findet sich dort
typischerweise ein Sammelsurium verschiedenster nützlicher Dinge wie Pinzetten,
Stecker, Werkzeug, nicht genutzte Kabel etc. Elektrische Geräte, besonders solche
mit Wechselspannungsanschluss, sollten jedoch innerhalb des Käfigs auf das
absolute Minimum beschränkt werden, denn jeder Apparat kann eine zusätzliche
Störungsquelle darstellen.

▶   **Achtung:** Alle Teile des Käfigs müssen elektrisch leitend miteinander
    verbunden und geerdet sein. Wir geben in Abschn. 5.3 eine Anleitung
    und Tipps, wollen aber nicht verhehlen, dass die Erdung eher eine para-
    wissenschaftliche Angelegenheit ist. Manche Messstände zeigen zum
    Beispiel nach einem freien Wochenende plötzlich ein «Brummen», ohne
    erkennbar verändert worden zu sein. (Ein Argument, mit dem manche
    Chefs und Chefinnen begründen, dass man seinen Messstand auch am
    Wochenende benutzen sollte.)

4.2.2   Mikromanipulator und Pipettenhalter

4.2.2.1 Mikromanipulator

Um die Patch-Pipette präzise auf die meist winzige Zelle aufsetzen zu können,
ist ein Mikromanipulator notwendig. Es gibt eine ganze Reihe von Anbietern für
Mikromanipulatoren, die nach unterschiedlichen Funktionsprinzipien bewegt
werden: mechanisch, hydraulisch oder elektrisch, letztere entweder motor- oder
piezogetrieben. Die hydraulischen und elektrischen Mikromanipulatoren werden
von einer räumlich getrennten Einheit aus bedient, die durch Schläuche oder
Kabel mit dem eigentlichen Manipulator verbunden ist. Diese Verbindungen
müssen sorgfältig fixiert und zugentlastet werden (Kabelbinder, Klebeband,

Klettschlaufen), sodass sich keine ungewollten Bewegungen auf die Pipette übertragen!

Für alle oben erwähnten Funktionsprinzipien gibt es exzellente Fabrikate, und im Prinzip sind alle Typen von Manipulatoren für die Patch-Clamp-Technik einsetzbar. Umgekehrt gilt leider: Ein driftender, wackelnder oder stark brummender Mikromanipulator macht jedes erfolgreiche Arbeiten unmöglich. Wir wollen an dieser Stelle keine Hersteller nennen – man sollte beim allererersten Setup auf bereits Bewährtes zurückgreifen und sich bei Kolleginnen und Kollegen erkundigen, welche Typen für die jeweilige Anwendung geeignet sind. Es gibt große Preisunterschiede, aber der Mikromanipulator ist ein so wichtiges Gerät, dass man hier nicht am falschen Ort sparen sollte!

Worauf sollte man achten? Ein guter Mikromanipulator muss kompakt gebaut sein, es dürfen also keine langen, dünnen Hebel zwischen Gerätebasis und Pipette liegen (auch keine langen „Stiele" für den Pipettenhalter!). Die Größe des Manipulators wird umso wichtiger, je weniger Platz in der Nähe der Messkammer zur Verfügung steht, insbesondere bei Mehrfachableitungen. Wer mehrere Mikromanipulatoren auf einer begrenzten Fläche anbringen will, sollte unbedingt den Rat erfahrener Kolleginnen und Kollegen einholen und sich an entsprechend spezialisierte Laborgerätefirmen wenden. Umgekehrt gilt: Wer viel Platz hat, tut gut daran, einen eher massiven Manipulator einzusetzen, der durch sein Eigengewicht und die starken Materialien hohe Stabilität gewährleistet.

Eine garantierte Bewegungsgenauigkeit von unter 1 μm ist erforderlich (optimal sind weniger als 100 nm), und die Gesamtbewegungsbereiche sollten in alle Richtungen nicht weniger als 5 mm betragen. Dies wird bei manchen Modellen durch eine Kombination aus Grob- und Feintrieb erzielt, die oft mehrere Zentimeter Verstellweg ermöglichen. Als Minimalanforderung muss mindestens ein Feintrieb vorhanden sein, der präzise Bewegungen in der Richtung der Pipettenachse ermöglicht. Damit lässt sich die letzte Annäherung an die Zelle zur Etablierung der Ableitung durchführen.

Zum schnellen und einfachen Pipettenwechsel haben elektrisch betriebene Manipulatoren meist eine Funktion, mit der man sie schnell in eine vorgegebene Position bringen kann, die sogenannte Home-Funktion. Andere Modelle haben Gelenke oder sitzen auf Schienen, durch die sich der Manipulator leicht vom Präparat wegbewegen lässt, um den Pipettenwechsel bequem durchzuführen. Durch Anschläge gelangt der Manipulator dann schnell in seine Gebrauchsposition zurück, um die nächste Messung zu ermöglichen.

Montage des Mikromanipulators
Der Mikromanipulator sollte so montiert sein, dass eine eindimensionale Bewegung in Richtung der Pipettenachse möglich ist, wenn sich die Pipette in der Nähe der Zelle befindet. Mit etwas Übung kommt man jedoch auch mit anders orientierten Achsen zurecht, die dann einen iterativen Annäherungsprozess verlangen. Wie oben bereits erwähnt, ist eine wichtige Voraussetzung für stabile

Ableitungen, dass keine Kräfte durch Schläuche und Kabel auf den Manipulator wirken. Immerhin bewegt man ihn bei jedem Pipettenwechsel recht viel, und wenn anschließend eine Zugspannung auf der Verbindung zwischen Manipulator und Steuereinheit lastet, wird keine stabile Ableitung möglich sein. Wichtig ist also eine sehr sorgfältige Zugentlastung in der Nähe des Manipulators. Das lässt sich auf verschiedenste Weise realisieren – von Bastellösungen mit Klebeband (nicht empfohlen!) über Kabelbinder bis hin zu feinmechanisch gefertigten Klemmen.

4.2.2.2 Pipettenhalter

Für Patch-Clamp-Ableitungen muss die Glaspipette sehr stabil fixiert sein, und man muss im Inneren der Pipette Unter- oder Überdrucke anlegen können. Dazu dient der Pipettenhalter, in den die Pipette mittels Dichtungsringen fest und luftdicht eingespannt wird (Hamill et al. 1981). Ein Stutzen führt vom Innenraum seitlich nach außen, um über einen Schlauch Druckänderungen vorzunehmen. Der Pipettenhalter wird in der Regel direkt am Vorverstärker befestigt, um zusätzliches Rauschen und mechanische Instabilitäten durch Kabel und lange Achsen zu vermeiden. Meist werden Pipettenhalter zusammen mit dem Verstärker geliefert und können in vielen Variationen nachbestellt werden. Da Abmessungen und Material auf jahrzehntelangen Erfahrungen der Hersteller beruhen, raten wir von Eigenbauten ab, wenn nicht sehr spezielle Prototypen benötigt werden. Meist sind Pipettenhalter aus Polykarbonat gefertigt, für die isolierenden Teile wird auch Teflon (PTFE, Polytetrafluorethen) verwendet. Besonders (thermo-)stabil sind Pipettenhalter aus Quarz. Wichtig ist in jedem Fall, dass die Pipette bei Druckwechseln kein mechanisches Spiel hat. Das wird zum Beispiel durch zwei separate Fixierungspunkte der Pipette innerhalb des Pipettenhalters erreicht oder durch zusätzliche Befestigung der Pipette direkt am Manipulator für besonders hohe Ansprüche. Wenn im Verlauf des Gebrauchs mechanische Instabilitäten auftreten, muss man oft einfach nur die Gummidichtung erneuern.

▶ Der Innendurchmesser des Halters muss in jedem Fall mit dem Außendurchmesser der Pipette übereinstimmen! Alle Hersteller bieten Halter für die gängigen Pipettenformate an. Eine separate elektrische Abschirmung des Halters erhöht das Rauschen und sollte ohne zwingende Gründe nicht verwendet werden!

An den seitlichen Eingang des Pipettenhalters (Abb. 4.3) wird ein Schlauch angeschlossen, über den man Über- und Unterdruck ans Pipetteninnere anlegen kann (Abschn. 5.1). Dazu steckt man auf das Schlauchende zum Beispiel eine abgeschnittene Pipettenspitze als Mundstück bzw. einen Luer-Ansatz für eine Spritze. Es empfiehlt sich, einen Hahn in den Schlauch einzubauen (z. B. einen kliniküblichen Dreiwegehahn aus Infusionsbestecken), den man zur Aufrechterhaltung des angelegten Druckes schließen kann. Um ein Gefühl für den Druck und die Dichtigkeit des Systems zu entwickeln, kann man am Dreiwegehahn zusätzlich ein Manometer anbringen. Der relevante Bereich beträgt etwa ± 200 cm H_2O (200 mbar, 20 kPa). Dazu bietet der Elektronik- oder Laborhandel günstige

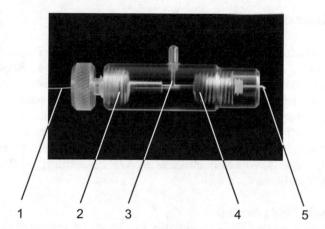

Abb. 4.3 Pipettenhalter. 1: Silberdraht, 2: vordere Dichtung zur Fixierung der Pipette, 3: Ansatz für Schlauch zur Druckapplikation, 4: hintere Dichtung, 5: Stecker (Kontakt zum Vorverstärker). (Abbildung mit freundlicher Genehmigung von ALA Scientific Instruments, USA/npi electronic, Tamm, Deutschland)

Geräte an. Extreme Genauigkeit ist für die meisten Anwendungen nicht nötig, und mit etwas Praxis hat man bald ein Gefühl für die richtigen Drücke.

Der Druckschlauch stellt eine direkte mechanische Verbindung zum Pipettenhalter dar. Jede ungewollt auf die Pipette übertragene Bewegung stört aber die Stabilität der Messung. Der Schlauch sollte deshalb in der Nähe des Vorverstärkers sehr sorgfältig zugentlastet werden, indem man ihn an der Aufhängung des Mikromanipulators, an der Stativsäule oder anderen geeigneten Gegenständen fixiert. Wir verwenden eher weiche, flexible Schläuche, andere schwören aber gerade auf harte Materialien, zum Beispiel Teflon. Offenbar gibt es hier also kein absolutes Richtig oder Falsch …

▶ **Achtung:** Der Pipettenhalter muss immer trocken und sauber sein, bei extrem rauschempfindlichen Experimenten sollte man ihn vor jedem Versuch mit Isopropanol (nicht mit dem aggressiven Methanol oder dem teuren Ethanol) waschen und gut trocknen (z. B. mit Druckluft).

Die elektrische Verbindung zwischen Pipette und Vorverstärker erfolgt über einen Silber/Silberchloriddraht. Dieser endet in einem Stecker (passend zum Eingang des Vorverstärkers), wo er entweder rein mechanisch oder durch Löten befestigt wird.

▶ **Achtung:** Lötreste können Undichtigkeiten an der Rückseite des Pipettenhalters verursachen, sodass der Über- oder Unterdruck nicht konstant bleibt!

4.2.3 Messkammern

Welche Messkammer sinnvoll ist, hängt hauptsächlich vom Präparat und vom
Messvorhaben ab. Es gibt einige Grundtypen und vielfältige Variationen. Sie
werden vom Fachhandel angeboten, können aber auch von einer Feinmechanik-
werkstatt hergestellt werden. Als Material bieten sich Plexiglas oder Teflon (PTFE,
Polytetrafluorethen) an, biologisch verträgliche Materialien sind inzwischen aber
auch für den 3-D-Druck erhältlich. Die mit dem Mikroskop gelieferten Objekt-
tische gibt es mit Aussparungen, in die Kammern mit Standardmaßen hinein-
passen (z. B. eine 35-mm-Zellkulturschale). Wir beschreiben im Folgenden die
wichtigsten Grundformen.

4.2.3.1 Einfache Kammern

Die einfachste Kammer für das Arbeiten mit akut isolierten Zellen oder Zellkulturen ist das Kulturschälchen selbst. Die handelsüblichen Petrischalen aus
durchsichtigem Polystyrol werden direkt in die 35-mm-Ausfräsung des Mikro-
skoptisches eingesetzt. Die optischen Eigenschaften dieser Petrischalen sind
mäßig, für kontrastreiche und nicht zu flache Zellen jedoch ausreichend. Der
Arbeitsabstand stark vergrößernder Objektive ist aber so kurz, dass bei inversen
Mikroskopen der Boden der Petrischale bereits zu dick sein kann, um die von
oben kommende Pipettenspitze zu sehen – hier ist also ein schwächeres Objektiv
mit großem Arbeitsabstand sinnvoll. In vielen Fällen kultiviert man die Zellen auf
dünnen, runden Deckgläsern (*cover slips;* 1 cm Durchmesser, ggf. beschichtet mit
Poly-D-Lysin). Diese können zur Messung in eine Messkammer überführt werden.
Wer keine spezielle Messkammer mit einer eingefrästen Mulde für das Deck-
glas hat, klebt das Cover Slip mit einem Tröpfchen Vaseline auf den Boden einer
35-mm-Kulturschale.

Einfache runde Messkammern unterliegen zwei wesentlichen Ein-
schränkungen: Sie sind nur schwierig vollständig zu perfundieren und nicht
gut temperierbar (Abschn. 4.2.4). Oft will man die Lösung in der Kammer auswaschen und durch eine andere Badlösung (z. B. mit einem Pharmakon)
ersetzen. In Petrischalen herrschen jedoch sehr ungünstige Bedingungen für
einen gleichmäßigen Durchfluss (hiervon kann man sich durch Einwaschen
von Farbstoffen wie Trypanblau leicht überzeugen). Wir empfehlen daher
speziell angefertigte Messkammern mit geringerem Innenvolumen und besseren
Strömungsverhältnissen. Derartige Messkammern kann man bei verschiedenen
Herstellern beziehen oder bauen lassen.

4.2.3.2 Temperierbare Kammern

Viele Patch-Clamp-Experimente werden bei Raumtemperatur durchgeführt, also
zwischen 20 und 24 °C, was nicht nur technisch am einfachsten ist, sondern auch
besonders stabile und rauscharme Messungen erlaubt.

▶ **Achtung:** In nichtklimatisierten Räumen kann sich die Temperatur
zwischen den Jahreszeiten erheblich verändern! Das kann dazu führen,
dass die „Sommerströme" eine deutlich schnellere Kinetik und höhere
Amplitude aufweisen als die „Winterströme", was systematische
Messreihen natürlich empfindlich stört. Eine gleich bleibende
Klimatisierung der Räume hat aber auch ihre Tücken, weil der Luftstrom aus Klimaanlagen die Stabilität von Messungen beeinträchtigen
kann. Messungen bei erhöhten Temperaturen (30–32 °C) können also
von Vorteil sein, da die Raumtemperatur auch im Sommer selten über
diesen Wert ansteigt und der Sollwert deshalb immer durch aktives
Heizen von Messlösung und -kammer erreicht werden kann.

Manche Fragen lassen sich auch nur nahe der Körpertemperatur beantworten,
zum Beispiel, wenn man die Kinetik von Membranprozessen (postsynaptische
Ströme, Kalziumeinströme, Aktionspotentiale usw.) unter möglichst realistischen
Bedingungen untersuchen möchte. In diesen Fällen benötigt man Heizsysteme,
welche die Messlösung und das Präparat präzise temperieren können. Solche
Lösungen werden ebenfalls von verschiedenen Herstellern angeboten, sind aber
nicht billig. Eigenbau mithilfe einer kompetenten Werkstatt ist da eine gute Alternative.

Als einfachste Variante der Temperierung bietet sich an, die Messlösung kurz
vor dem Zulauf in die Kammer zu erwärmen und mit einer gleichmäßig schnellen
Perfusion in die Kammer zu leiten. Mit einem Temperaturfühler in der Kammer
kann man nun die Durchflussheizung so einstellen, dass in der Kammermitte die
gewünschte Temperatur herrscht. Hierbei ist darauf zu achten, dass entweder
hitzebeständige Schläuche (z. B. Teflon) oder Glasröhrchen an der Heizfläche verwendet werden, um Schäden zu vermeiden. Die Erwärmung wird in der Regel
entweder durch Widerstandsdraht (Thermodraht) oder durch Peltier-Elemente
erreicht. Hierbei spielt ein enger und gut isolierter Kontakt zwischen Heiz-
element und Perfusion eine wichtige Rolle. Aufwendigere Systeme bieten eine
Kombination aus Durchflussheizung und direkter Erwärmung der Messkammer,
wobei dies nur bei Kammern aus Metall deutliche Effekte erzielt. Die Verwendung
von zusätzlichen kalibrierten Temperaturfühlern nahe der Heizung selbst ermöglicht auch rückgekoppelte Temperaturregulationen, die weniger stark von einer
konstanten Fließgeschwindigkeit abhängen. In der Praxis garantiert dies aber
keine konstante Temperatur während der Messung, es dient hauptsächlich dazu,
das Durchbrennen der Heizung zu verhindern. Komplexe, beheizbare Kammern
sind zwar nicht billig, jedoch verlangen selbst gebaute „Wasserspiele" einige
Bastelarbeit und können Brummprobleme und Einschaltartefakte verursachen.

4.2.3.3 Kammern für Gewebeschnitte
Oft will man Zellen in ihrem nativen Gewebeverbund untersuchen – dies ist
besonders in der Neurophysiologic der Fall, zunehmend aber auch in organo-
typisch differenzierten Geweben aus Stammzellen (Organoiden). In den

meisten Fällen werden Patch-Clamp-Untersuchungen an solchen Präparaten in sogenannten *submerged*-Kammern durchgeführt, das heißt, sie sind vollständig von einer im Vergleich zum Gewebe großen Menge extrazellulärer Lösung umgeben (Abb. 4.4a); die alternative Interface-Kammer wird im nächsten Absatz beschrieben.

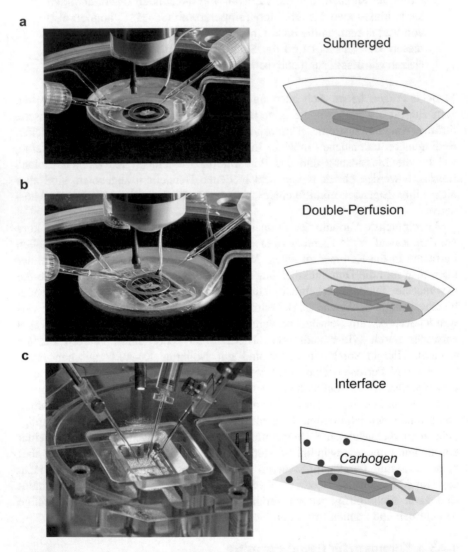

Abb. 4.4 Verschiedene Typen von Messkammern. **a** Standard-Submerged-Kammer; die Unterseite des Päparats liegt auf einem Glasboden. **b** Submerged-Kammer mit einer Zwischenebene aus Nylonfäden; das Präparat wird auch von der Unterseite mit Extrazellulärlösung umspült *(double perfusion)*. **c** Interface-Kammer; das Präparat befindet sich in einer feuchten, mit Carbogen gesättigten Umgebung und wird nur mit einer dünnen Schicht Extrazellulärlösung umspült

Die Untersuchung komplexer dreidimensionaler Präparate erfordert neben möglichst guten optischen Verhältnissen eine stabile Lagerung des Präparats und vor allem die optimale Versorgung auch tiefliegender Zellen mit Sauerstoff und Glucose. Zur Fixierung des Präparats auf dem Boden der Messkammer kann man einen kleinen Rahmen oder Ring aus Platindraht verwenden, auf den quer Nylonfäden geklebt werden (Sekundenkleber). Ring oder „Harfe" halten das Präparat in Position, verursachen aber kleine Einschnitte in das Gewebe. Alternativ kann man einen Hirnschnitt oder ein Organoid mithilfe von Poly-D-Lysin direkt auf den Kammerboden oder auf ein Deckgläschen aufkleben – dies verlangt aber etwas Übung, weil der Glasboden beim Aufbringen nur für kurze Zeit trocken sein darf, um das Präparat nicht zu schädigen.

Wie neuere Arbeiten zu neuronalen Netzwerkoszillationen gezeigt haben, erhält man native Aktivitätsmuster nur dann, wenn die Kammer mit einer sehr hohen Geschwindigkeit perfundiert wird (> 6 ml/min) (Hájos et al. 2009; Maier et al. 2009). Dies weist darauf hin, dass die Versorgung im Inneren des Präparats kritisch ist und die Zellen dort leicht ihre normalen Funktionen verlieren. Messungen des rasch abfallenden Sauerstoffpartialdrucks im Inneren von Gewebeschnitten haben das bestätigt. Es verbessert die Situation, wenn der Schnitt nicht direkt auf dem Glasboden der Kammer liegt, sondern auch von unten umspült werden kann. Dazu kann man wieder Nylonfäden verwenden, die straff auf einen Plexiglasrahmen gespannt werden (Nylonfäden gewinnt man am einfachsten aus wachsfreier Zahnseide oder Damenstrümpfen – die Auswahl geeigneter Modelle überlassen wir an dieser Stelle den Leserinnen und Lesern). Es gibt auch kommerziell erhältliche Kammern *(double perfusion oder perforated chamber)* mit verschiedenen Designs zur effizienteren Perfusion (Abb. 4.4b). Alternativ kann man die Schnitte auf Filterpapier oder Linsenreinigungspapier aus dem Laborbedarf betten. Dies vermeidet Einschnitte an der Oberfläche und schont die Präparate. Vorsicht: Es gibt zelltoxische Papiere!

Eine spezielle Alternative ist die Interface-Kammer (Haas et al. 1979). Hier liegt das Präparat auf einem durchlässigen Träger (z. B. Linsenreinigungspapier), an der Grenzfläche zwischen Badlösung und umgebender Atmosphäre. Es wird also nur von einem dünnen Flüssigkeitsfilm umspült (Abb. 4.4c). Von oben und seitlich wird ein befeuchtetes und erwärmtes Gasgemisch zugeführt, meist Carbogen (95 % O_2/5 % CO_2). Nach unserer Erfahrung ist dies die mit Abstand gewebeschonendste Methode für In-vitro-Messungen. Gerade in der Neurophysiologie sind diese Kammern sehr nützlich; sie erlauben Messungen über viele Stunden, ohne dass die Aktivität in den neuronalen Netzwerken merklich nachlässt. Es ist oft wesentlich leichter, ein komplexes Verhalten wie Netzwerkoszillationen, epileptische Aktivität oder Langzeitpotenzierung in solchen Kammern erfolgreich darzustellen als in der *submerged*-Konfiguration. Die Kammern sind leicht zu temperieren und bieten einen großen offenen Zugang für multiple Elektroden. Ein gravierender Nachteil ist aber, dass man hier in aller Regel nur Lupenvergrößerung zur Verfügung hat. Die Visualisierung einzelner Zellen oder hochauflösende optische Messungen sind also nicht möglich (aktivitätsabhängige intrinsisch-optische oder Fluoreszenzsignale auf Netzwerkebene dagegen schon). Für Patch-Clamp-Ableitungen bleibt in Interface-Kammern nur die „blinde" Methode.

Auch Multielektrodenarrays (MEAs) erlauben die Kombination mit Patch-Clamp-Messungen. Solche MEAs werden von verschiedenen Firmen angeboten und bieten bis zu 4096 Ableitpunkte im Gewebe. Damit lassen sich extrazelluläre Summenpotentiale *(field potentials)* oder Korrelate der Aktionspotentiale einzelner Zellen *(unit discharges, units)* in komplexen Geweben (insbesondere Hirn und Herz) erfassen. Die Kammern sind nach oben offen und können daher mit hochauflösenden Patch-Clamp-Messungen einzelner Zellen kombiniert werden.

4.2.4 Kammerperfusion und Applikationsverfahren

Bei vielen Experimenten will man die Zellen oder Membranstücke einer Testsubstanz, einem Pharmakon oder unterschiedlich zusammengesetzten Badlösungen aussetzen. Beim Lösungswechsel unterscheidet man dabei zwischen langsamer und schneller Applikation. Bei der langsamen Applikation wird meist die gesamte Badlösung in der Kammer im Zeitraum von Sekunden bis Minuten ausgetauscht. Unter schneller Applikation versteht man verschiedene Verfahren, bei denen der Lösungswechsel innerhalb von etwa 1 s bis zu wenigen Millisekunden erfolgt, allerdings meist lokal begrenzt im unmittelbaren Bereich des Patch oder der Zelle. In Analogie zu den schnellen Sprüngen der Kommandospannung bei Voltage-Clamp-Experimenten spricht man häufig von *concentration clamp*.

4.2.4.1 Langsame Perfusion

Eine langsame Applikation gehört zu fast jedem Messplatz und ist leicht aufzubauen. Sie wird angewandt, um die Zellen mit Substraten zu versorgen, um Membranprozesse durch spezifische Pharmaka zu modifizieren oder um die Ionenselektivität von Kanälen zu bestimmen. Dazu reicht bereits ein im Verhältnis zur Messkammer höher gelegenes Gefäß (z. B. Laborglasgefäß oder offene 50-ml-Spritze) aus, um durch die Gravitationskraft die Messkammer über Schläuche schnell mit Lösung zu versorgen. Die Fließgeschwindigkeit lässt sich leicht durch Schlauchklemmen regulieren, oder es kann an einem Stativ die Höhe des Gefäßes eingestellt werden. Am häufigsten werden allerdings sogenannte Rollenpumpen verwendet, welche exakte und konstante Perfusionsraten unabhängig von Menge und Lage der Lösung gewährleisten. Allerdings handelt man sich damit eventuell eine zusätzliche Brummquelle oder mechanische Pulsationen ein, die man durch geeignetes Schlauchmaterial und sorgfältige Erdung wieder ausgleichen muss.

Will man nun die Perfusionslösung verändern, muss entweder der Zulauf vor der Pumpe in ein anderes Gefäß umgesetzt werden, was oft Luftblasen und Störungen verursacht, die bei empfindlichen Messungen fatal sein können. Alternativ kann man für direkte Lösungswechsel zwischen mehreren verschiedenen Substanz- oder Ionenkonzentrationen klinikübliche Spritzen (meist 10–50 ml) zu einem einfachen Applikationssystem kombinieren (Abb. 4.5). Die Spritzen ohne Kolben hängt man als Vorratsgefäße nebeneinander an ein Stativ oder an die Wand des Faraday-Käfigs. Am Ausgang jeder Spritze befestigt man einen Dreiwege-hahn, mit dem man die jeweils benötigte Lösung freigibt und die anderen sperrt. An der dritten Öffnung dieses Hahnes bringt man zum Ansaugen der Lösung und zum blasenfreien Füllen des Schlauches eine weitere Spritze an. Die einzel-nen Schläuche führt man entweder getrennt ins Bad oder bringt sie in einem gemeinsamen Zufluss zusammen, wobei man sich aber leicht eine gewisse Durch-mischung der Lösungen einhandelt. Man sollte daher nicht benötigte Lösungen immer durch einen Hahn absperren.

Auf der anderen Seite des Bades muss die Lösung natürlich abgeführt werden, meist mithilfe einer Kanüle oder eines Glasröhrchens, an die ein Unterdruck angelegt wird. Dies ist oft etwas diffizil und kann Probleme verursachen. Wenn die Absaugung einmal kurz nicht funktioniert, flutet man schnell Messkammer, Probentisch und Mikroskop mit der salz- und zuckerhaltigen Lösung, was eine aufwendige Reinigung erfordert (einige Hersteller bieten Schutzfolien für Kondensor und Mikroskopstativ an, aber man sollte Überflutungen trotzdem lieber vermeiden). Außerdem kann bei schlecht eingestellter Absaugung der Kontakt zwischen Ablauf und extrazellulärer Lösung immer wieder abreißen. Verliert die Absaugung den Kontakt zur Lösung, entstehen Vibrationen und Fluktuationen des Wasserspiegels in der Messkammer, die den Seal destabilisieren und elektrische Artefakte verursachen können. Wir empfehlen zur Absaugung umgebogene Glaskapillaren (Abb. 4.4a). Andere bevorzugen Metallkanülen oder schräg abgeschnittene Schläuche.

▶ **Tipp** Für einen guten Abfluss ist es hilfreich, wenn sowohl die Kammer als auch der Übergang zur Absaugung mit einer dünnen Salzschicht bedeckt sind, um die Oberflächenspannung zu minimieren. Hierfür kann man an Kammer und Absaugung vor der ersten Verwendung über Nacht etwas Salzlösung antrocknen lassen.

Abhängig davon, ob die Lösung wiederwendet (rezirkuliert) oder stets verworfen werden soll, kann der Unterdruck von einer Rollenpumpe oder von einer Vakuum-pumpe (Membranpumpe oder Druckluft) erzeugt werden. Will man für Zu- und Ablauf dieselbe Rollenpumpe verwenden, so sollte der Pumpenschlauch für die Absaugung deutlich größer als der für den Zulauf gewählt werden. Alternativ kann man auch mithilfe von T-förmigen Schlauchverbindern zwei Pumpenschläuche in der Absaugungsleitung verwenden, um die Saugkraft zu verdoppeln. Membran-pumpen, so wie sie als Aquariumluftpumpen verwendet werden, sind nicht für Lösungsdurchfluss geeignet und müssen in Kombination mit einer Vakuumflasche benutzt werden. Diese kann man fertig kaufen, oder man bohrt zwei kleine Löcher in den Kunststoffdeckel einer Laborglasflasche und klebt zwei Ansaugstutzen (aus Einwegpipetten) ein. **Wichtig:** Flaschen rechtzeitig ausleeren und danach den Unterdruck an der Messkammer kontrollieren!

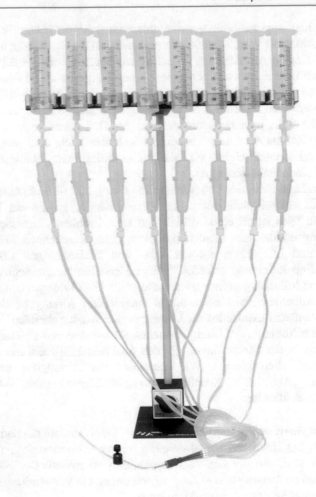

Abb. 4.5 Badperfusion. In dieser einfachen Ausführung werden acht verschiedene Extra-zellulärlösungen manuell zu- oder abgeschaltet (Hähne unterhalb der Spritzen). Die Tropfen-kammern entkoppeln den Lösungsvorrat von der Messkammer und können das Netzbrummen vermindern. (Abbildung mit freundlicher Genehmigung von npi electronic, Tamm (D))

In *Interface*-Kammern erfolgt der Abfluss meist durch ein größeres Loch am Ende der Messkammer mittels Gravitation (ein feiner Streifen von Filterpapier oder Nylon, der vom Kammerrand bis in den Abflussstutzen liegt, vermeidet Meniskusbildung). Die Flüssigkeit wird dann einfach durch einen Schlauch in ein Abwassergefäß geleitet.

Es empfiehlt sich, zu Beginn einer Messreihe die Zeiten für den Austausch von Badlösungen zu messen – wann ist mein Pharmakon wirklich in voller Konzentration bei den Zellen angekommen? Je nach Strömungsverhältnissen in der Messkammer muss man dazu selbst bei einfachen Anordnungen das Fünf-bis Zehnfache des Kammervolumens austauschen. Man kann die benötigte

Zeit in einem Vorversuch ohne Zellen grob durch Farblösungen (Lebensmittel-farbe oder Trypanblau) abschätzen. Genauer ist jedoch die Messung von sich ändernden *liquid junction potentials* (Abschn. 3.2.3) an einer ins Bad getauchten Patch-Pipette oder sogar die Durchführung einer Testmessung in der angestrebten Patch-Clamp-Konfiguration unter Verwendung einer Lösung mit einem ein-deutig messbaren Effekt (z. B. veränderte Konzentration von Kalium bei Messung des Membranpotentials). Bei Schnittpräparaten sollte man die verlangsamte Konvektion der Lösung ins Innere des *slice* nicht unterschätzen und wie oben beschrieben ausmessen! In Interface-Kammern ist der Austausch noch wesentlich langsamer als in der *submerged*-Situation. Hier können die Äquilibrierungszeiten niedermolekularer Substanzen im Inneren von 400 µm dicken Hirnschnitten bei bis zu 1 h liegen!

In vielen pharmakologischen Versuchen möchte man Substanzen ein- und dann wieder auswaschen, um zu prüfen, ob ein beobachteter Effekt reversibel ist. Dies ist eine wichtige Kontrolle dafür, ob die Zellen während der Messung unspezifisch geschädigt wurden. Typischerweise dauert das „Auswaschen" einer Substanz deut-lich länger als das „Einwaschen", denn viele Stoffe reichern sich im Gewebe an, ganz besonders, wenn sie lipophil sind. Hinzu kommt die Affinität zu den Ziel-strukturen, sodass zum Beispiel hochaffine Toxine oft gar nicht oder nur sehr schlecht auswaschbar sind. Oft erreicht man die Umkehr eines pharmakologischen Effekts während der stabilen „Lebenszeit" der Patch-Clamp-Messung nicht voll-ständig und nicht in allen gemessenen Zellen.

▶ **Tipp** Vor der nächsten Messung sollte man sich immer vergewissern, dass man das Experiment nicht mit Resten von Substanzen in Schläuchen, Kammer oder Gewebe beginnt!

4.2.4.2 Schnelle Perfusion

Für die Analyse sehr schneller Substanzwirkungen, zum Beispiel zur Aktivierung ligandengesteuerter Ionenkanäle, benötigt man ein entsprechend schnelles Per-fusionssystem. Der Lösungswechsel an der Membran sollte deutlich schneller sein als die Zeitkonstante der schnellsten Änderung, die man beschreiben will. Hierzu sind verschiedene mehr oder weniger lokal wirkende Applikationsverfahren entwickelt worden, die entweder (strömungs-)mechanisch, elektrophoretisch oder durch optische Aktivierung von Substanzen arbeiten. Bei Ganzzell-ableitungen, besonders bei verzweigten oder empfindlichen Zellen, kann man mit mechanischen Applikationen minimale Zeiten von einigen zehn Millisekunden erreichen, wohingegen bei sehr kompakten Zellen oder isolierten Patches Lösungswechsel im Bereich von 1 ms oder weniger möglich sind. Viele Systeme sind kommerziell erhältlich, man kann aber brauchbare schnelle Applikationen auch selbst bauen. In Abb. 4.6 stellen wir ein häufig verwendetes Prinzip vor.

Mechanische Verfahren arbeiten mit möglichst laminaren Strömungen, die auf die Zelle oder den Patch gelenkt werden. Man kann beispielsweise eine Per-fusion kaufen (oder bauen), bei der viele Zuleitungen in einer gemeinsamen, kleinen Spitze enden, die in die Nähe der Zelle gebracht wird. Durch schnell

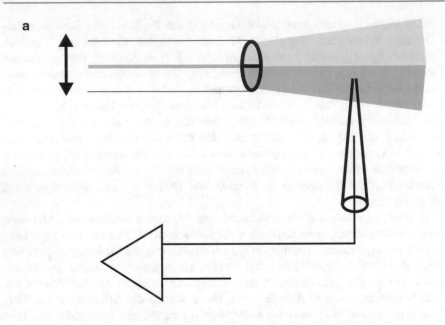

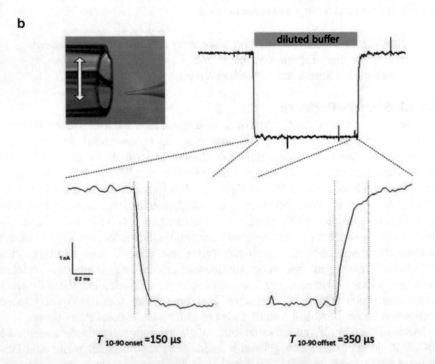

Abb. 4.6 Schnelle Substanzapplikation. **a** Prinzip der Applikation mittels Theta-Glas. Die Pipettenspitze ragt in die laminare Strömung und kann durch schnelle seitliche Bewegungen des Glases gegenüber je einer der beiden Lösungen exponiert werden. **b** Reale Messung der Applikationsgeschwindigkeit (hier mit räumlich anders positionierter Pipette). Die Applikationszeiten betrugen hier 150 μs *(on)* bzw. 350 μs *(off)*. (Verändert nach Danker et al. 2016)

öffnende und schließende Ventile wird nun zwischen den Lösungen umgeschaltet. Solche Anordnungen werden in den verschiedensten Variationen bei Whole-Cell-Ableitungen (meist an kultivierten Zellen) verwendet. Noch schneller ist die Applikation von Substanzen auf isolierte Patches, die durch piezogetriebene laterale Bewegung zweier laminarer Strömungen gelingt (Abb. 4.6). Dazu werden Theta-Gläser mit zwei durch eine dünne Glasschicht (Septum) getrennten Röhren verwendet, mit denen Applikationszeiten deutlich unter 1 ms möglich sind (Sylantyev und Rusakov 2013; Danker et al. 2016).

Geladene Substanzen wie Glutamat können auch durch Gleichspannungs-potentiale aus einer Pipette herausgetrieben werden. Dieses Verfahren wird als Iontophorese oder Mikroiontophorese bezeichnet und erlaubt bei geeigneter Pipette und hochwertigem Steuergerät eine sehr schnelle lokale Applikation unter-halb 1 ms. Für Details (und für die Auswahl geeigneter Substanzen) verweisen wir auf die Spezialliteratur.

Eine weitere moderne Methode, um schnelle Substanzfreisetzungen zu erreichen, stellt die photolytische Freisetzung von gekapselten *(caged)* Ver-bindungen dar. Beim „uncaging" wird die zu applizierende Substanz mit einer Schutzgruppe versehen, durch die sie biologisch inaktiv wird. Diese kann durch einen starken Lichtblitz (im UV- oder auch sichtbaren Bereich) abgespalten werden, sodass die Substanz sehr schnell aktiviert wird. Photolytisch aktivierbare Transmitter, aber auch intrazellulär wirkende Second Messenger wie cAMP oder IP_3 sind kommerziell erhältlich. Man kann sie sowohl der Bad- wie der Pipetten-lösung zugeben. Zur Aktivierung kann man eine Blitzlampe mit hohem UV-Anteil verwenden, deren Strahl sich durch die Optik des Mikroskops fokussieren lässt. Alternativ verwendet man einen Laser. Eine besonders fokussierte Applikation ist mit der 2-Photonen-Mikroskopie möglich, mit der sich Moleküle höchst lokal, zum Beispiel in der Nähe einzelner synaptischer *spines*, freisetzen lassen (Kantevari et al. 2010).

4.3 Elektronische Komponenten

4.3.1 Vorverstärker und Verstärker

Der Patch-Clamp-Verstärker besteht in der Regel aus Vor- und Hauptverstärker oder Steuereinheit. Der Vorverstärker *(headstage, probe)* ist das Herzstück der Elektronik, in dem die elektrischen Signale der Zelle gemessen und Ströme injiziert werden. Diese werden als proportionale Spannungswerte ausgelesen, weshalb auch die Begriffe „Strom-Spannungs-Wandler" oder „I-V-Converter" gebräuchlich sind. Ströme und Spannungen in Patch-Clamp-Experimenten liegen in der Größenordnung von pA (10^{-12} A) bis nA (10^{-9} A) und einzelnen Millivolt (10^{-3} V) bis etwa 100 mV. Diese kleinen Signale gehen leicht im Rauschen unter, lassen sich ohne Stabilisierung nicht über weite Entfernungen leiten und dürfen durch die Messung möglichst nicht verfälscht werden. Den hochempfindlichen Vorverstärker, der die winzigen Signale zunächst aufnimmt, bringt man daher möglichst nahe an der Messelektrode an. Dort wird das Signal verstärkt und stabilisiert, bevor es über einen längeren Weg zum Hauptverstärker geleitet wird.

Der Vorverstärker muss stabil und erschütterungsfrei befestigt werden. Man kann das Gehäuse des Vorverstärkers zum Beispiel direkt auf eine Platte am Mikromanipulator schrauben. Diese Platte sollte aus einem leichten, aber festen und nichtleitenden Material (Kunststoff) bestehen, denn die Metallteile des Vorverstärkers sollten nicht mit den Metallteilen des Manipulators in Verbindung stehen. Das Kabel, das vom Vorverstärker zum Hauptverstärker führt, muss unbedingt an einer stabilen Struktur (Säule oder Käfig) in der Nähe des Vorverstärkers zwischenfixiert werden (Zugentlastung).

Der Hauptverstärker oder die Steuereinheit befindet sich meist in einem Geräteturm *(rack),* der neben dem Messtisch steht. Dort werden die Signale nochmals verstärkt, gefiltert und digitalisiert. Dies geschieht entweder im Verstärker selbst oder in einem separaten Analog-Digital-Wandler (A/D-Wandler), zu dem man das analoge Signal aus dem Verstärker leiten kann.

Alle Steuersignale werden entweder per Software über den Computer gesteuert oder über Frontschalter und Potentiometer am Hauptverstärker eingestellt. Dort werden sie in analoge Signale für den Vorverstärker umgesetzt. In der Regel arbeitet man mit einem speziellen Steuerprogramm. Es erlaubt die Darstellung der gemessenen Spannungen oder Ströme, die Einstellung des Verstärkungsfaktors, die Umschaltung zwischen verschiedenen Messkonfigurationen und oft auch die Speicherung und eine erste Analyse der Daten. Man arbeitet also weitgehend vom Computer aus, während Einstellungen über Wahlschalter und Rädchen am Verstärker selbst immer seltener werden. Für Vertreter der älteren Generation ist die Haptik eines „richtigen" Geräts beruhigend, weil sie ein Gefühl von Verständlichkeit und Kontrolle vermittelt. Für die jüngere Leserschaft ist dieser Gedanke wahrscheinlich ebenso fernliegend wie die Fortbewegung mit Pferdefuhrwerken. Dennoch: Ein elektrophysiologisches Experiment ist kein Computerspiel, und es ist wichtig, immer zu wissen, wie sich die verschiedenen Einstellungen im Programm konkret auf die Messung auswirken. Wir empfehlen dringend, alle Konfigurationen des Steuerprogramms mithilfe einer elektronischen Testzelle systematisch „durchzuspielen", bis man sich wirklich sicher fühlt.

Wegen der extrem hohen Empfindlichkeit der Vorverstärker, die für die Patch-Clamp-Technik verwendet werden, muss man besonders darauf achten, alle leitenden Oberflächen zu erden, die sich in der Nähe seines Eingangs befinden. Die Vorverstärker bieten hierfür einen Erdungseingang, der mit dem Referenzpotential des Verstärkers verbunden ist. Mit ihm können nahe liegende Teile des Setups, wie das Mikroskop und die Badelektrode, verbunden werden. Alternativ erdet man nur das Bad mit dem Präparat über diesen Eingang und alle anderen leitenden Teile des Setups über eine getrennte Erdleitung.

Durch Reibung an Kleidungsstücken oder Möbelbezügen können sehr hohe elektrostatische Aufladungen der Haut entstehen (mehrere Tausend Volt). Dies gilt ganz besonders in trockener Luft, zum Beispiel im Winter. Berührt man mit dieser Aufladung den Eingang des Vorverstärkers, um die Pipette zu wechseln, kann das den hochohmigen Eingang des Verstärkers zerstören. Im schlimmsten Fall werden dann alle folgenden Messungen verfälscht, ohne dass man es bemerkt. Mindestens ist es aber eine ärgerliche, zeitraubende und teure Angelegenheit. Man sollte sich deshalb während des Experiments oder zumindest vor jedem Pipettenwechsel erden. Am praktischsten sind dafür spezielle hochohmige Erdungsarmbänder, die der Elektronikfachhandel anbietet.

▶ **Achtung:** Es ist ein fataler Fehler, zur Erdung einfach auf die geerdete Tischplatte des Messplatzes oder an ein Erdungskabel zu fassen, insbesondere dann, wenn man an irgendeiner Komponente herumbastelt! Man bildet so eine niederohmige Verbindung zum Erdleiter, was zum plötzlichen Tod führen kann, wenn man mit der anderen Hand versehentlich an eine Wechselspannungsquelle gerät! Aus Gründen der Arbeitssicherheit ist dieses Verfahren natürlich ohnehin verboten, wir wollen aber an dieser Stelle noch einmal ausdrücklich darauf aufmerksam machen.

4.3.1.1 Auswahl eines Verstärkers

Es gibt eine ganze Reihe kommerziell erhältlicher Patch-Clamp-Verstärker. Sie arbeiten nach einem von drei möglichen Prinzipien: über einen Rückkopplungswiderstand (R_f) ein kapazitives Feedback (C_f) oder als diskontinuierliches SEVC(*single-electrode voltage clamp*)-Verfahren.

Wir haben diese Prinzipien in Abschn. 3.1 näher erklärt. Im Vergleich zu den traditionellen Verstärkern mit Rückkopplungswiderstand haben die Kapazitätsfeedback-Verstärker wegen ihres geringeren Rauschens Vorteile bei besonders hochauflösenden Ableitungen (Einzelkanäle), ansonsten sind beide Typen gleich gut geeignet. SEVC-Verstärker sind besonders gut für die Verwendung hochohmiger Pipetten bis hin zu scharfen Mikroelektroden geeignet, können große Ströme injizieren und haben gleichzeitig gute Current-Clamp- bzw. Bridge-Mode-Eigenschaften. Sie erlauben aber keine Einzelkanalmessungen. Manche Verstärker können auch zwischen verschiedenen Verfahren hin- und herschalten, zum Beispiel vom Widerstandsfeedback (für Ganzzellableitungen oder große Einzelkanalströme) zum Kapazitätsfeedback (für hochauflösende Einzelkanalmessungen). Auch Hybridgeräte aus SEVC- und hochauflösenden Feedback-Verfahren sind auf dem Markt.

Alle kommerziell erhältlichen Verstärker besitzen die notwendige Ausstattung für die meisten Patch-Clamp-Experimente. Bei einer Neuanschaffung sollte man aber einige Punkte bedenken:

- Wie groß sind die Signale, die ich messen möchte? Hochauflösende Messungen (z. B. an Einzelkanälen mit kleiner Leitfähigkeit) verlangen einen sehr rauscharmen Verstärker, während große Ströme (z. B. spannungsaktivierte Natriumströme im Whole-Cell-Modus) einen Verstärker mit besonders großen Ausgangssignalen verlangen können.

- Will ich mit demselben Verstärker neben Patch-Clamp-Messungen auch andere Techniken einsetzen? Dazu gehören zum Beispiel extrazelluläre Feldpotentiale oder konventionelle intrazelluläre Ableitungen.
- Wichtig ist auch, ob man langfristig „nur" mit einer Elektrode ableiten möchte oder beispielsweise gepaarte Ableitungen von zwei oder mehreren Zellen durchführen will. Dann kann man gegebenenfalls auch gleich einen entsprechend ausgestatteten Verstärker mit mehreren Vorverstärkern kaufen.

Alle diese Randbedingungen sollte man genau durchdenken und dann im Gespräch mit Kolleginnen und Kollegen sowie Anbietern seine Wahl treffen.

4.3.2 Zwischenverstärker und Filter

Moderne Patch-Clamp-Verstärker haben meistens eingebaute Filter, um das hochfrequente Rauschen der Signale zu vermindern. Diese werden Tiefpassfilter *(low pass filter)* genannt, weil sie nur Frequenzen unterhalb einer Grenzfrequenz durchlaufen oder „passieren" lassen. Zusätzlich in die Messkette eingebaute Zwischenfilter erlauben schärfere und variablere Bearbeitungen des Signals, sind aber oft verzichtbar (siehe unten). Man sollte sich immer klarmachen, wie der jeweilige Filter das originale Signal verändert – zur Sicherheit empfiehlt es sich, das ungefilterte Signal parallel aufzuzeichnen. Wenn zum Beispiel im gemessenen Signal sehr schnelle Komponenten enthalten sind (Aktionspotentiale, schnell aktivierende spannungsabhängige oder synaptische Ströme, Einzelkanalströme), darf man nicht zu tief filtern, weil man die steilen Flanken sonst abschwächt und verlangsamt.

Auf der anderen Seite des Spektrums will man in manchen Fällen verhindern, dass eine langsame Drift die gemessenen Signale nach und nach aus dem Messbereich schiebt. Dazu setzt man einen Hochpassfilter *(high pass filter)* ein, der Schwankungen unterhalb einer bestimmten Frequenz „abschneidet". Auch diese Manipulation ist nicht harmlos – wir empfehlen, sie einmal mit verschiedenen Grenzfrequenzen bei echten Messungen auszuprobieren. Wenn das eigentlich interessierende biologische Signal langsame Komponenten beinhaltet (z. B. eine längere Plateauphase eines Stroms), kann deren Form durch einen Hochpass erheblich verfälscht werden!

Um ganz sicherzugehen, ist es oft sinnvoll, bei der Datenakquise eher konservativ zu filtern und lieber in einem geeigneten Auswertprogramm nachträglich geeignete digitale Filter zu verwenden. Diese Veränderungen der Daten sind – im Gegensatz zur Filterung der Originalmessung – reversibel und damit unschädlich. Wer seinen Verstärker mit einem externen A/D-Wandler kombiniert, kann den analogen Ausgang auch aufteilen („splitten") und das Signal zweimal mit unterschiedlichen Filtern aufzeichnen. Auch hier ist der weniger stark gefilterte Datensatz ein wichtiges Backup, das die maximale Information über die Rohdaten enthält.

Es gibt sehr gute externe Filtergeräte, die das Signal oft auch zusätzlich noch verstärken können. Man wählt aber den Verstärkungsfaktor für die gemessenen Ströme bereits am Patch-Clamp-Verstärker möglichst hoch, da dies zu einem besseren Signal-Rausch-Verhältnis führt. Ein häufig genutzter externer Zwischenfilter ist der Hum Bug oder vergleichbare main noise eliminator – dies sind Filter, die selektiv das 50/60-Hz-Brummen der elektromagnetischen Induktion herausnehmen. Hierbei wird die Rauschunterdrückung aktiv mit der Netzfrequenz synchronisiert, möglichst ohne Messsignale im gleichen Frequenzbereich zu beeinflussen. Wir sind mit Zusatzfiltern eher zurückhaltend und empfehlen, nach Möglichkeit das ungefilterte Messsignal so gut wie möglich zu entstören (Abschn. 5.3). Wenn man doch einen Hum Bug verwendet, sollte man auf jeden Fall einen Kontrollversuch machen und relevante Signale einmal mit und einmal ohne den Filter aufzeichnen und auswerten. Dies gilt auch für jede Änderung des Experiments!

Der für den Hum Bug gegebene Rat gilt auch ganz allgemein: Um unliebsame Überraschungen nach Abschluss einer Messreihe zu vermeiden, empfiehlt es sich, die interessierenden Signale anfangs mehrfach bei verschiedenen Filtereinstellungen zu messen und die Resultate einmal versuchsweise auszuwerten. Dann hat man eine gute Grundlage für die Entscheidung, bei welcher Frequenz man filtern will. Das gilt ebenso für die passende Digitalisierungsfrequenz (auch Abtastrate genannt), die wir in Kap. 5 besprechen.

4.3.3 Stimulationsgerät

In der Neurophysiologie ergibt sich oft die Notwendigkeit, Zellen oder Axone von außen elektrisch zu erregen. Hierzu verwendet man entweder eine Glaspipette oder eine Metallelektrode (monopolare Stimulation) oder zwei eng beieinanderliegende Platin- oder Wolframelektroden (bipolare Stimulation). Um über die Anschlusskabel kein Brummen in den Messstand zu tragen, benutzt man Reizgeräte, die „galvanisch getrennt" sind, deren Ausgangsstufe also keinen direkten Kontakt mit dem Netzteil hat, über das die externe Wechselspannung eingespeist wird. Solche Trennungen werden mit Spulen, Kondensatoren oder optischen Komponenten realisiert und senken die Gefahr, sich über die Stimulationskabel massiven Netzbrumm einzufangen. Alternativ sind auch batteriebetriebene Geräte zu empfehlen. Reizgeräte können über das Steuerprogramm von außen „getriggert" werden und sollten kurze Rechteckpulse von weniger als 1 ms Dauer (ideal sind 100 oder sogar 50 µs) und bis zu einigen zehn Volt (50–100 V) ermöglichen. Geeignete Stimulatoren sind bei vielen Anbietern elektrophysiologischer Geräte zu beziehen.

4.4 Gläser, Pipetten, Elektroden und Lösungen

In diesem Abschnitt wollen wir auf den gesamten Komplex der Pipettenherstellung eingehen: von den verschiedenen Glasarten über die notwendigen Geräte zum Herstellen der Pipetten, bis zum Füllen der Pipetten mit Elektrolytlösung und der Behandlung der Elektrodendrähte.

4.4.1   Die Patch-Pipette

Die Spitze einer Patch-Pipette ist durch ihre Flankenform (kurz und stumpf oder lang und spitz) und die Größe der Öffnung charakterisiert. Die Kunst der Pipettenherstellung besteht meist darin, diese beiden Eigenschaften unabhängig voneinander präzise zu beeinflussen. Beide entscheiden letztlich über die Kapazität und den elektrischen Widerstand der Pipette. Dieser hängt nicht nur von der Spitzenöffnung ab, sondern auch von der Form der Flanken. Der „Flankenwiderstand" ist umso größer, je länger die Pipettenspitze ist (Abb. 4.7).

Dickwandige Pipetten (Wandstärke der Kapillaren etwa 0,3–0,5 mm) sind aufgrund ihrer geringeren Kapazität für Einzelkanalableitungen deutlich besser geeignet als dünnwandige, weil das Rauschen in der Patch-Clamp-Messung dadurch geringer wird. Darum wird die Pipettenwand manchmal durch eine Beschichtung sogar künstlich verdickt (s. unten). Auch der Durchmesser der Pipettenöffnung wird oft für bestimmte Messungen optimiert – zum Beispiel wird man für Einzelkanalmessungen bei einem seltenen Kanal zur Erhöhung der „Trefferquote" größere Pipetten verwenden als bei einem in großer Dichte vorhandenen Kanal. In letzterem Fall könnte es die Auswertung der Daten sogar stören, wenn gleichzeitig mehrere Kanäle geöffnet sind.

Dünnwandige Pipetten (Wandstärke der Kapillaren etwa 0,15 mm) verwendet man eher für Ganzzellableitungen und beim Perforated-Patch (Abschn. 6.2), weil es hier in erster Linie auf einen möglichst niedrigen Widerstand ankommt. Außerdem sind sie leichter in der gewünschten Form herzustellen. Pipetten mit einem Öffnungsdurchmesser zwischen 0,5 und 1 µm haben niedrige Widerstände, die zwischen 2 und 5 MΩ liegen. In der Praxis wird man aber selten versuchen, den Pipettendurchmesser zu bestimmen, sondern die Pipetten einfach anhand des messbaren Widerstands optimieren.

▶   Je geringer der Widerstand der Pipette ist, desto niedriger ist meist der Serienwiderstand. Gerade bei kleinen Zellen ist es aber schwierig, mit großen, niederohmigen Pipetten einen guten Seal zu erhalten – hier muss man so lange probieren, bis man einen optimalen Kompromiss gefunden hat.

Während der geeignete Widerstandswert der Pipette je nach der Anwendung unterschiedlich sein kann, sollten alle Patch-Pipetten eine möglichst niedrige Kapazität haben und damit ein möglichst geringes „Hintergrundrauschen" verursachen. Diese Eigenschaft hängt sowohl von der Wandstärke der Pipetten als auch vom verwendeten Glas ab. Kapazität und Hintergrundrauschen lassen sich gegebenenfalls aber auch durch zusätzliche Maßnahmen wie das Beschichten mit hydrophoben Substanzen (s. unten) verbessern.

Die meisten in der Patch-Clamp-Technik verwendeten Glaskapillaren haben einen Durchmesser von 1,2–2 mm außen und von 0,5–1,5 mm innen, abhängig davon, ob man dünn- oder dickwandige Pipetten benötigt. Ein Außenmaß von

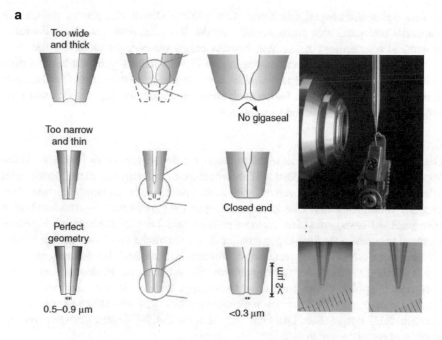

Abb. 4.7 Pipettenformen. **a** Verschiedene Formen der Pipettenmündung vor (links) und nach (Mitte, rechts) dem *fire polishing*. Fotos rechts: Objektiv und Glühdraht einer Microforge (Abb. 4.8) mit eingespannter Pipette. **b** Mit Wachs beschichtete Pipette. (**a** Aus Chen et al. 2017)

1,5 mm gilt weithin als Standard und bietet einen guten Kompromiss zwischen mechanischer Stabilität (wichtig bei langen Pipetten, die weit aus dem Halter herausragen müssen) und elektrischen Eigenschaften. Dickere Kapillaren (2 mm Außendurchmesser) sind noch etwas stabiler, vor allem in Kombination mit einem hochwertigen Pipettenhalter mit zwei Klemmpunkten. Sie bieten auch mehr Material zur Formung der Spitze, was die Herstellung von Pipetten mit großen Spitzenöffnungen erleichtert. Die größere Oberfläche erhöht jedoch die Kapazität und wirkt sich somit negativ auf das Rauschniveau aus. Diese Faktoren müssen also unbedingt zusammen berücksichtigt werden, wenn es um die Auswahl der Glaskapillaren und des passenden Pipettenhalters geht, da hochwertige und mechanisch stabile Pipettenhalter nur für einen bestimmten Durchmesser gebaut sind. Gleichermaßen bieten auch nicht alle Pipettenziehgeräte (s. unten) die Möglichkeit dicke Kapillaren zu verwenden.

4.4.1.1 Pipettengläser

Die Patch-Pipetten sollte man nicht zu lange vor dem Experiment frisch aus Glaskapillaren herstellen. Die Glaskapillaren bezieht man fertig aus dem Laborhandel oder direkt von Glasproduzenten, die auch Spezialmaße anbieten können. Von großem Vorteil für Patch-Clamp-Anwendungen sind „polierte" abgerundete Enden *(fire-polished ends),* die den Elektrodendraht und Dichtgummis beim Pipettenwechsel schonen. Die Seal-Eigenschaften der verschiedenen Gläser unterscheiden sich nicht nur von Glastyp zu Glastyp, sondern können auch bei demselben Glastyp zwischen verschiedenen Herstellern abweichen. In Problemfällen sollte man also Kapillaren von mehreren Herstellern testen. Da das aber aufwendig ist, sollte man zuerst alle anderen Fehlermöglichkeiten ausschließen, die wir in Abschn. 5.1.3 besprechen. Das Glas, aus dem die Patch-Pipetten gezogen werden, muss vier Anforderungen erfüllen:

1. Es soll gut und leicht zu Pipetten ausziehbar sein.
2. Es soll leicht Seals bilden.
3. Es soll ein möglichst geringes elektrisches Rauschen erzeugen.
4. Es darf nicht zelltoxisch sein.

Für die ersten beiden Punkte ist hauptsächlich der Schmelzpunkt des verwendeten Glases von Bedeutung, für die Rauscheigenschaften sind der Verlustfaktor und die Dielektrizitätskonstante entscheidend, und für den letzten Punkt sind die chemischen Komponenten verantwortlich, aus denen das Glas hergestellt wurde.

Glastypen

Man unterscheidet je nach Höhe des Schmelzpunktes die folgende Glastypen:

- Weiche Gläser (Sodagläser, unter 700 °C)

- Mittelharte Gläser (Borsilikat, 700–850 °C)

- Harte Gläser (Aluminiumsilikat, ab 900 °C)

Für besonders rauscharme Ableitungen verwendet man auch das sehr hochschmelzende Quarzglas (etwa 1600 °C), für das man ein besonderes Pipettenziehgerät *(Puller)* benötigt.

Ursprünglich wurden für die Patch-Clamp-Technik weiche Gläser verwendet. Sie sind wegen ihres niedrigen Schmelzpunktes einfach zu ziehen und ergeben kurze, dicke Pipetten mit steilen Flanken und großem Spitzendurchmesser, also niedrigem Pipettenwiderstand. Außerdem kann man sie sehr leicht hitzepolieren, und sie besitzen hervorragende *Seal*-Eigenschaften. Wegen ihrer teilweise schlechten elektrischen Eigenschaften (starkes Rauschen) verwendet man sie heutzutage nicht mehr als Ableitelektroden. Für Patch-Pipetten setzt man überwiegend mittelharte **Borsilikatgläser** ein. Sie bieten in der Praxis den besten Kompromiss aus präziser Manipulation der Pipettenform und guten elektrischen Eigenschaften. Die harten **Aluminiumsilikatgläser** werden selten verwendet, haben allerdings von den bisher genannten Gläsern die besten Rauscheigenschaften. Sie sind aber auch am schwierigsten zu ziehen und bilden im allgemeinen schlechter *Seals*.

Von allen Gläsern zur Herstellung von Pipetten hat **Quarzglas** die besten elektrischen Eigenschaften. Neben dem außerordentlich geringen Rauschen haben Quarzpipetten auch noch einen weiteren Vorteil: Quarzglas enthält keine Beimengungen, die zu Verunreinigungen führen könnten. Quarz hat jedoch zwei Nachteile: Es ist teuer, und es hat einen sehr hohen Schmelzpunkt, weswegen man mit konventionellen Pipettenziehgeräten keine Pipetten aus Quarzglas ziehen kann.

Zum Ziehen von Quarzpipetten wurden spezielle Geräte entwickelt, bei denen das Glas nicht durch ein Heizfilament, sondern mit einem CO_2-Laser erhitzt wird. Diese Lasergeräte kosten allerdings etwa das Doppelte von konventionellen Geräten. Quarzpipetten benutzt man demzufolge nur für extrem rauscharme Einzelkanalmessungen, wobei man natürlich auch das Rauschen aus allen anderen Quellen so niedrig wie möglich halten sollte. Man verwendet dann möglichst dickwandige Quarzglasrohlinge (Durchmesser außen 1,5 mm, innen 0,6–0,75 mm) und beschichtet die Quarzpipetten zusätzlich (s. unten). Diesen hohen (auch finanziellen) Aufwand wird man aber nur in besonderen Situationen treiben.

4.4.2 Herstellung der Pipetten

Die Glasrohlinge sollten staub- und fettfrei sein. Früher hat man sie aufwendig durch Ultraschallbehandlung in Alkohol oder Laborspülmittel gereinigt und dann bei 200 °C für etwa 30 min im Wärmeschrank getrocknet, um Restfeuchtigkeit zu entfernen (das vermindert auch das Rauschen bei hoher Luftfeuchtigkeit). Heute macht man dies nur noch in Ausnahmefällen, zum Beispiel, wenn Staub- oder Feuchtigkeitsprobleme auftreten. Solche Verunreinigungen sieht man bei der Messung gut im Mikroskop. Man sollte die Möglichkeit der Glasreinigung und Trocknung aber im Auge behalten, falls sich einmal hartnäckige Probleme bei der *Seal*-Bildung einstellen (Abschn. 5.1.3).

4.4.2.1 Das Pipettenziehgerät

Zum Ziehen der Pipetten aus geeigneten Glaskapillaren verwendet man ein Pipettenziehgerät, im Laborjargon *Puller* genannt. Er hat sich aus relativ primitiven Vorläufern zu einem Hightechgerät entwickelt, das mehrstufige Programmfolgen zum Ziehen stumpfer Pipetten mit fast beliebigem

Öffnungsdurchmesser erlaubt. Die Kunst besteht hierbei in der präzisen Steuerung von Zugkraft, Erwärmung und der genauen Position und Ausdehnung der Wärme.

Nach der Einspannrichtung der Kapillaren unterscheidet man vertikale und horizontale *Puller.* Bei beiden Typen lassen sich mindestens die Stromzufuhr des Heizelements (und damit die Hitze) und die Länge der einzelnen Ziehschritte einstellen. Nach wie vor kann man mit konventionellen vertikalen *Pullern* bei maximal zwei Ziehschritten mit etwas Übung sehr brauchbare Pipetten herstellen. Verbreiteter sind inzwischen aber die teureren horizontalen *Puller,* die variabel programmierbar sind.

Programmierbare Geräte haben unter anderem den Vorteil, dass mehrere Personen an einem Gerät unterschiedliche Pipetten ziehen können. Wer beispielsweise im Gewebeschnitt misst, benötigt wegen des geringen Arbeitsabstands zwischen Objektiv und Präparat deutlich schlankere und längere Spitzen als jemand, der an Zellkulturen mit inversem Mikroskop und viel Platz von oben arbeitet. Auch gibt es Anwendungen, die besonders hochohmige oder niederohmigere Pipetten erfordern. In solchen Fällen sind Puller mit mehreren gespeicherten Programmen sehr nützlich.

Wichtig ist der äußerst schonende Umgang mit dem Glühfilament, da bereits eine kleine Berührung das Heizfilament verbiegen und somit für anspruchsvolle Pipettenformen unbrauchbar machen kann. Die mitbetroffenen Kolleginnen und Kollegen reagieren darauf meist nicht erfreut. Aus dem gleichen Grund (Konstanz der Parameter) sollten Pipettenziehgeräte nicht in der Nähe von Fenstern, Heizungen oder irgendwelchen Luftströmen stehen.

4.4.2.2 Das Ziehen der Pipetten

Eine Patch-Pipette wird im Normalfall in mindestens zwei, bei horizontalen *Pullern* meist in vier bis fünf Schritten gezogen. Im ersten Schritt wird die Kapillare „vorgezogen", also erhitzt und um etwa 0,7–1 cm ausgezogen. Dadurch wird sie in der Mitte etwa 0,2–0,4 mm dünn. Die abgekühlte Pipette wird nun in vertikalen *Pullern* erneut zentriert, ihre dünnste Stelle also in die Mitte der Heizspirale gebracht, und dann voll ausgezogen. Dadurch reißt die Kapillare an der dünnsten Stelle, und man erhält zwei Pipetten. In den Horizontal*pullern* entfällt die erneute Zentrierung, vielmehr wird hier die Pipette einfach in den folgenden Schritten nach und nach fertig ausgezogen.

Die ersten drei Fabrikationsschritte können für die Länge der Spitze wichtig sein, zum Beispiel für die Herstellung langer dünner Pipetten zum Arbeiten unter Immersionsobjektiven. Die Parameter des letzten Ziehschrittes, wie Hitze, Zugkraft und -geschwindigkeit, müssen besonders präzise eingestellt werden, denn diese Einstellungen beeinflussen ganz entscheidend die Form und die Eigenschaften der vordersten Pipettenspitze. Die Wahl der geeigneten Parameter beim Ziehen von Pipetten hängt von vielen Faktoren ab und muss in jedem Fall individuell ausgetüftelt werden. Als Faustregel jedoch gilt: je größer die Hitze und die Zuggeschwindigkeit, desto kleiner der Durchmesser und desto flacher die Flanken der Pipette.

4.4.2.3 Polieren mit der Microforge

Ursprünglich wurde die Spitze jeder Patch-Pipette unmittelbar vor Gebrauch in einer *Microforge* (wörtlich: „Kleinschmiede") nochmals poliert, um sie optimal zu glätten und das Glas an der Spitze etwas zu verdicken. Heutzutage verzichten die meisten Anwender auf diesen Schritt und erreichen bei langsamem und schonendem Ziehen mit modernen *Pullern* trotzdem sehr gute Ableitungen. Bei manchen Pipettenformen und Präparaten oder wenn ein wirklich maximaler *Seal*-Widerstand erforderlich ist, sollte man die Pipette aber immer noch polieren. Das Polieren kann außerdem nach bestimmten Beschichtungstechniken notwendig sein (s. unten).

Die Microforge (Abb. 4.8) ist ein Mikroskop mit Pipettenhalter und Mikromanipulator, in dem man die Pipettenspitze unter Sichtkontrolle sehr nahe an einen Heizdraht heranführt, der mit einem regelbaren Transformator zum Glühen gebracht wird. Hier wird meist eine kleine Glaskugel angeschmolzen und mit einem Luftstrom gekühlt, sodass ein steiler Temperaturgradient entsteht und die Spitze der Pipette gezielt erwärmt werden kann. Diese Geräte gibt es im Fachhandel.

4.4.2.4 Beschichten der Pipetten

Die Beschichtung *(coating)* mit hydrophoben Substanzen führt man durch, um die Wandstärke der Pipettenspitze zu vergrößern und die Benetzung mit Flüssigkeit zu vermindern. Dies senkt die elektrische Kapazität und somit das Rauschen. Das Beschichten ist besonders bei flach ins Bad eingeführten Pipetten wichtig.

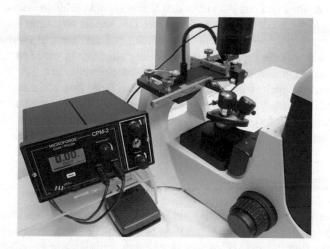

Abb. 4.8 Microforge. Kernstücke der Anlage sind das Mikroskop (rechts) mit Klemmvorrichtung für die Pipette und die Steuereinheit für den Strom, der die Hitze des Glühfilaments in der Nähe der Pipettenspitze bestimmt. Hinzu kommt in diesem Modell noch eine Heißluftquelle, mit der die Pipettenbeschichtung *(coating)* getrocknet werden kann. (Abbildung mit freundlicher Genehmigung von ALA Scientific Instruments, USA/npi electronic, Tamm, Deutschland)

Am häufigsten werden Silikonelastomere (z. B. *Sylgard 184,* Dow Corning Corp.), verschiedene Wachse (Bienenwachs, Dentalwachs) oder auch andere Kunststoffe verwendet. Im besten Fall halbiert eine Beschichtung mit Sylgard das Hintergrundrauschen von Borsilikatgläsern, die dadurch die Qualität von Aluminiumsilikatgläsern erreichen können. Allgemein gilt: Für Einzelkanalmessungen sollte man die Pipetten bis möglichst nahe an die Spitze mit einer hydrophoben Substanz beschichten; bei Ganzzellableitungen ist es oft ausreichend, das Hochziehen eines Wasserfilms an der Pipette zu unterbinden.

Das Beschichten mit Sylgard verlangt eine Behandlung in der oben beschriebenen Microforge. Man spannt die Pipette mit leicht nach oben weisender Spitze so ein, dass das Sylgard nicht zur Pipettenspitze läuft. Zum Bestreichen kann man zum Beispiel einen kleinen Glashaken oder eine umgebogene Kanüle verwenden. Es ist sehr genau darauf zu achten, dass die äußerste Spitze der Pipette (etwa 10–50 µm) frei bleibt, weil sich sonst kein *Seal* mehr ausbildet. Danach härtet man das Sylgard durch Erhitzen der Heizspirale oder durch einen Heißluftstrom.

▶ **Tipp** Eine frisch angesetzte Sylgard-Mischung (gut mischen!) kann gut verschlossen mehrere Wochen im Gefrierschrank aufbewahrt werden. Aufgetaut und geöffnet polymerisiert sie nach wenigen Stunden. Vor dem Öffnen muss das Sylgard auf Raumtemperatur aufgewärmt werden, damit sich kein Kondenswasser bildet.

Etwas einfacher ist die Beschichtung mit Wachs: Die Pipette wird mit der Spitze nach oben gehalten und das kurz über den Schmelzpunkt erhitzte Wachs mit einem Spatel unter Rotieren der Pipette aufgetragen. Das Wachs trägt man bereits wenige Millimeter unterhalb der Spitze auf die Flanke auf und streicht es dann so weit nach unten aus, wie die Pipette später in Lösung eingetaucht wird (Abb. 4.7b).

Quarzpipetten sollte man auf jeden Fall beschichten, um die Rauscharmut dieses Materials auch voll auszunutzen. Nach dem Beschichten mit Sylgard müssen auch Quarzpipetten „hitzepoliert" werden. Dadurch wird zwar in einer gewöhnlichen Microforge das Quarzglas nicht geschmolzen, man entfernt aber eventuell vorhandene Sylgardreste.

4.4.3 Füllen der Pipette

Die fertigen Patch-Pipetten sollte man in geschlossenen Gefäßen staubgeschützt aufbewahren und innerhalb weniger Tage benutzen. Vor dem Experiment müssen sie mit Elektrolytlösung (Pipettenlösung, Intrazellulärlösung; Abschn. 4.4.5) gefüllt werden. Die Lösung sollte vor dem Befüllen durch einen Sterilfilter (käufliche Spritzenfilter) gedrückt werden. Die Lösung kann entweder in einer 1-ml-Spritze vor dem Filter oder in einem sauberen Reagenzgefäß kühl und lichtgeschützt gelagert werden.

Pipetten werden in der Regel von der Rückseite *(Backfilling)* über lang aus-
gezogene Pipettenspitzen *(microloader)* befüllt, die im Laborhandel erhältlich
sind und sich über ebenfalls käufliche Luer-zu-Schlauch-Adapter (Luer-System =
genormte Verbindung für Spritzen u.a.) direkt an 1-ml-Spritzen anschließen lassen.
Anstelle der Spritze kann man auch eine 20–200-μl-Automatikpipette benutzen.

▶   **Achtung:** Keine Metallnadeln zum Füllen verwenden, weil dadurch die
    Pipettenlösung mit Metallionen kontaminiert werden kann!

Zumindest in lang ausgezogenen Pipetten bilden sich oft Luftbläschen, die kaum
sichtbar und schwer aus der Spitze zu entfernen sind. Sie zeigen sich manchmal
erst dadurch, dass der Pipettenwiderstand ohne erkennbaren Grund extrem hoch
ist. Man kann sie meistens durch geduldiges und sanftes Klopfen zum Aufsteigen
bewegen. Leichter ist es, von vornherein Glaskapillaren mit eingeschmolzenem
Filament zu verwenden, dann läuft die Lösung durch Kapillarkräfte automatisch
in die Spitze hinein. Man kann die feine Spitze der Pipette mittels eines kleinen
Stativs auch in ein Gefäß mit Pipettenlösung stecken und an der Hinterseite der
Pipette einen Unterdruck anlegen. Dann füllt sich die Spitze blasenfrei von
vorn *(Tipfilling)*. Die restliche Lösung füllt man dann wie oben beschrieben von
hinten in die Pipette.

Man sollte die Pipette nur so weit füllen, dass der Elektrodendraht im Pipettenhalter gerade wenige Millimeter in die Flüssigkeit eintaucht. Ein Überfüllen der
Pipetten kann sich ungünstig auf die Rauscheigenschaften auswirken, da die
Gefahr besteht, dass dadurch Flüssigkeit in den Pipettenhalter gedrückt wird und
eine leitende Brücke bildet. Aus demselben Grund entfernt man mit einer Spritze
die im Pipettenschaft haftenden Tröpfchen von Elektrolytlösung. Trotz all dieser
Vorsichtsmaßnahmen sollte man gelegentlich den Pipettenhalter auseinander-
nehmen, gründlich reinigen und vor allen Dingen trocknen (z. B. im Vakuum-
Exsikkator).

4.4.4   Elektrodendrähte

Der Vorverstärker ist durch einen metallischen Leiter mit der Pipettenlösung
und durch den Erdleiter mit der Badlösung verbunden. Um Offset-Potentiale
(Abschn. 3.2.3 und 5.1.1) zu vermeiden oder zumindest konstant zu halten, sollte
man hierzu chlorierte Silberdrähte verwenden.

4.4.4.1 Chlorieren eines Silberdrahtes

Oft werden gereinigte und geschnittene Silberdrähte den Pipettenhaltern beigelegt
oder sind bereits montiert. Verwendet man einen separat gekauften Silberdraht,
sollte man ihn mit feinem Sandpapier abschleifen, mit Alkohol reinigen, trocknen
und dann in eine Kaliumchloridlösung (etwa 1–3 M) eintauchen. Der Draht wird
mit der Anode einer Gleichspannungsquelle verbunden, ein weiterer, beliebiger
Draht wird mit der Kathode verbunden und auch ins Bad eingetaucht (Abb. 4.9a).

Man „zieht" durch die positiv geladene Anode Elektronen an das Silber, wodurch sich Silberchlorid auf dem Draht abscheidet. Man verwendet etwa 1 mA zum Chlorieren; je geringer die Stromstärke ist, desto länger wird die Chlorierungszeit und desto besser und langlebiger das Resultat.

Alternativ kann man den Silberdraht auch chlorieren, indem man ihn über Nacht in konzentrierte Chlorbleichlauge (Natriumhypochlorit, NaClO) eintaucht – ein einfaches Verfahren, das zu guten Resultaten führt. Die Chloridschicht wird hierbei allerdings relativ dünn.

▶ *Tipp* Man kann die Bleiche hierfür in eine 1-ml-Spritze aufziehen und den Draht vorsichtig hineintauchen. Dies geht auch, wenn er bereits im Pipettenhalter montiert ist.

Eine gleichmäßig chlorierte Elektrode hat einen matten, dunkelgrauen Überzug. Da die Silberchloridschicht der Elektrodendrähte durch das Wechseln der Pipetten oft angekratzt wird (möglichst Kapillaren mit polierten Enden verwenden!), muss man den Draht von Zeit zu Zeit wechseln oder nachchlorieren, spätestens, wenn man eine signifikante Drift im Pipettenpotential beobachtet. Die Drift kann aber auch durch die Badelektrode verursacht sein. **Wichtig:** Chlorierte Silberdrähte immer lichtgeschützt lagern!

Badelektrode

Auch als Badelektrode dient eine Silber/Silberchloridelektrode. Die Potentialdifferenz eines Paares solcher Elektroden sollte null betragen, wenn beide in Lösungen derselben Chloridkonzentration eintauchen. Ändert sich jedoch die Chloridkonzentration im Bad, wird eine Potentialdifferenz zwischen den Elektroden auftreten, da der Draht in der Pipette ja meist eine andere Lösung „sieht". Deswegen verbinden Viele die Badelektrode über eine sogenannte Agarbrücke mit der Badlösung (Abb. 4.9b). Dies ermöglicht das Konstanthalten der Chloridkonzentration in unmittelbarer Umgebung der Elektrode. Außerdem vermeidet man so das direkte Eintauchen des Drahtes, denn Silberionen sind für viele Präparate toxisch.

Zur Herstellung von Agarbrücken füllt man einen Perfusionsschlauch oder auch das vordere Ende einer abgeschnittenen Pasteurpipette mit Agar. Man verwendet etwa 3 % Agar-Agar (Achtung: Prozentzahl kann je nach Charge variieren) in Bad- oder Salzlösung (z. B. 150 mM NaCl). Der Agar wird erhitzt, in den Schlauch oder die Pipette gefüllt, die nach dem Abkühlen mit derselben Lösung aufgefüllt werden. Man kann auch mit einer 20-ml-Spritze einen größeren Schlauch so weit wie möglich mit Agar füllen. Nach dem Abkühlen lässt sich der Schlauch in Stücke schneiden, die man in der Salzlösung im Kühlschrank für einige Wochen aufbewahren kann. KCl-Lösung ist zu vermeiden, da sie die Kaliumkonzentration im Bad ungewollt verändern kann! Von hinten führt man zuletzt die chlorierte Silberelektrode ein und verschließt das Röhrchen mit Wachs.

a

b

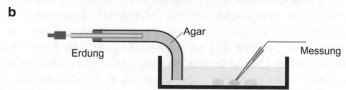

Abb. 4.9 Chlorierung von Silberdrähten und Erdung. **a** Anlage zur Chlorierung von Silberdrähten. Der zu chlorierende Draht wird durch die Spannungsquelle (graues Kästchen) für
5–10 min nach einem optimierten Protokoll unter Spannung gesetzt, wobei sich bei positivem
Potential Chloridionen anlagern. **b** Agarbrücke zur Erdung des Bades bei wechselnden
Ionenverhältnissen

Der Silberdraht wird über ein Kabel schließlich mit dem Erdungseingang des Vorverstärkers verbunden.

Als Badelektrode, die in die extrazelluläre Lösung der Kammer eintaucht, kann
man auch die etwas stabileren und langlebigeren *AgCl-Pellets* verwenden. Das sind
kleine Stückchen eines gesinterten Gemischs aus Silber und Silberchlorid (1:3) an
der Spitze eines chlorierten Silberdrahtes, die man im Laborhandel kaufen kann.

▶   **Achtung:** Fehlerhaft hergestellte Badelektroden oder zu dünne
    Agarbrücken können erhebliche Widerstände aufweisen und dann
    Rauschen oder sogar einen erhöhten Serienwiderstand verursachen.

4.4.5 Intra- und extrazelluläre Lösungen

Sowohl das extra- wie auch das intrazelluläre Milieu müssen so beschaffen sein, dass Zellen und Gewebe für die Dauer der Messung ihre Homöostase erhalten können. Dazu gehören: der osmotische Druck, eine geeignete Zusammensetzung der Elektrolyte, die Versorgung mit essenziellen Nährstoffen (Glucose, Sauerstoff) und der pH-Wert. „Zellfreundliche" extrazelluläre Medien sind bereits vor über 100 Jahren entwickelt worden, in denen zelluläre Eigenschaften wie die Kontraktion von isolierten Herzen erhalten bleiben.

Bei Patch-Clamp-Ableitungen kommt das Innere der Pipette direkt mit der Membran oder dem Zellinneren in Kontakt. Also muss auch die Pipettenlösung so beschaffen sein, dass sie die zelluläre Integrität erhält. Dabei ist zu beachten, dass die Pipette bei Whole-Cell- und bei Outside-out-Messungen das *intra*zelluläre Milieu simulieren muss, bei Cell-attached- oder Inside-out-Messungen das *extra*zelluläre.

Natürlich haben sich im Laufe der Jahre Standardrezepte entwickelt, die in Tausenden von Versuchen erprobt und optimiert wurden. Sie variieren allerdings erheblich zwischen verschiedenen Präparaten und Zielparametern der Experimente. Es ist ein großer Unterschied, ob man Messungen an kultivierten Muskelzellen oder in Hirnschnittpräparaten durchführen möchte, ob man exzitatorische oder inhibitorische synaptische Ströme oder einen bestimmten spannungsaktivierten Ionenkanal untersucht usw. Wie immer empfehlen wir, die Literatur zum jeweils eigenen Präparat und zur eigenen Fragestellung genau zu studieren. Man sollte sich dabei konkret fragen, warum welches Ion oder welcher Zusatz verwendet wurde – neben reinen Erfahrungswerten, Traditionen und manchmal vielleicht ein bisschen „Alchemie" gibt es hierfür oft auch konkrete Gründe!

Für die Herstellung der Lösungen sollte man ein Magnetrührgerät, ein pH-Meter, ein Osmometer und natürlich eine Laborwaage zur Verfügung haben. Das Wasser sollte aus einer Reinstwasseranlage stammen, also weitgehend frei von Ionen sein (gemessen über die Leitfähigkeit) und natürlich von Verunreinigungen aller Art. Entsprechende Geräte sind in den meisten Laboren oder Instituten vorhanden. Man kann auch destilliertes Wasser im Laborhandel kaufen, bei regelmäßiger Anwendung ist die eigene Herstellung aber wirtschaftlicher. Alle verwendeten Substanzen oder Stammlösungen sollten sorgfältig sauber gehalten werden – das klingt trivial, aber es kommt immer wieder vor, dass Spatel oder Pipetten im Eifer des Gefechts ohne Säuberung nacheinander in mehrere Vorratsgefäße gesteckt werden. Auch Waagen haben wir schon in Zuständen gesehen, die an Küchen aus alten WG-Zeiten erinnerten … Schließlich sollten alle Glasgefäße frei von Rückständen sein, wozu man sie entweder in einer Laborspülmaschine spült und Wasserreste im Trockenschrank entfernt oder nach weniger aufwendigem Spülen mit destilliertem Wasser nachspült und trocknet.

Wir besprechen im Folgenden einige wenige Standardrezepte für Säugerzellen, um die grundlegenden Prinzipien zu verdeutlichen.

> **Beispiel**
>
> Extrazelluläre Lösung für kultivierte oder akut dissoziierte Zellen:
> 140 mM NaCl
> 3 mM KCl
> 2 mM MgCl$_2$
> 2 mM CaCl$_2$
> 10 mM HEPES
> 20 mM Glucose ◄

Der pH wird bei dieser Lösung mit NaOH auf 7,35 titriert (möglichst auf einem Rührgerät, mit ausreichender Durchmischung und Wartezeit). Die Lösung entspricht angenähert der Zusammensetzung des Extrazellulärraumes von Säugern – Hauptionen sind Na$^+$ und Cl$^-$, wobei Konzentrationen zwischen 130 und 150 mM verwendet werden. Die Konzentration an K$^+$ variiert in verschiedenen Rezepten zwischen ca. 2,5 und 5 mM, wobei höhere Konzentrationen zu einem positiveren Membranpotential und erhöhter Aktivität (z. B. in neuronalen Kulturen) führen. Das Verhältnis von Mg^{2+} zu Ca^{2+} beeinflusst ebenfalls die Erregbarkeit und natürlich spezifische Funktionen wie die Kontraktilität von Muskelzellen oder die synaptische Aktivität in neuronalen Netzwerken. Deutlich höhere Konzentrationen von bis zu 5 mM CaCl$_2$ kommen vor und sollen sich positiv auf die Stabilität des Seals auswirken. Hohe Mg-Konzentrationen wirken eher antagonistisch zu Kalzium und senken die Erregbarkeit. Schließlich dient HEPES als pH-Puffer, die Glucose (meist 10–20 mM) ist Energielieferant. Die Osmolarität einer solchen Lösung beträgt ca. 290–300 mOsm.

> **Beispiel**
>
> Extrazelluläre Lösung für Hirnschnittpräparate (artifizielle Cerebrospinalflüssigkeit, aCSF):
> 124 mM NaCl
> 3 mM KCl
> 1,6 mM CaCl$_2$
> 1,8 mM MgSO$_4$
> 10 mM Glucose
> 1,25 mM NaH$_2$PO$_4$
> 26 mM NaHCO$_3$
> Begasung mit Carbogen (95 % O$_2$ und 5 % CO$_2$) ◄

ACSF wird als Standard in Versuchen an komplexen Hirnpräparaten verwendet. Mit dieser Lösung kann man dickere Gewebescheiben (bis zu ca. 450 μm) über Stunden am Leben halten. Dazu bedarf es einer intensiven Sauerstoffversorgung, wozu wir in allen Vorratsgefäßen eine feinperlige Begasung sicherstellen (Filterkerzen, Belüftungssteine für Aquarien oder auch mehrfach durchlöcherte Schläuche). Durch das CO$_2$ und Bikarbonat (NaHCO$_3$) stellt sich der pH-Wert –

genau wie in vivo – automatisch auf 7,4 ein. Die Kalzium- und Magnesium-konzentrationen sind grob den Ionenverhältnissen im Extrazellulärraum des Gehirns nachempfunden und anhand von Erfahrungswerten optimiert worden.

▶   *Tipp* Viele Experimentatorinnen und Experimentatoren verwenden zur Präparation des Gewebes eine andere Lösung als die, in der sie schließlich ihre Präparate untersuchen. Das gilt besonders für das sehr empfindliche Hirngewebe, dessen weitverzweigte Zellen bei der Herstellung von Schnitten oder bei der Dissoziation ja multiple Verletzungen erleiden. Dabei wird ein großer Teil des Na^+ durch andere Substanzen ersetzt, um den massiven Natriumeinstrom bei Verletzung und Depolarisation der Zellen zu umgehen. Meist wird N-Methyl-D-Glutamin (NMDG) verwendet, es gibt aber auch andere Protokolle auf Basis von Sucrose, Kaliumgluconat, Tris(hydroxymethyl)aminomethan (TRIS) oder Cholin. Wir verweisen auf die entsprechende Spezialliteratur, z. B. Ting et al. (2018) oder Vandael et al. (2021).

Beispiel

Intrazelluläre Lösung für Ableitungen von Einzelzellen (*high chloride*):
   145 mM KCl
   5 mM NaCl
   2 mM $CaCl_2$
   2 mM $MgCl_2$
   4 mM EGTA
   10 mM HEPES ◀

Dieses Rezept (Schweizer et al. 2017) basiert auf einer physiologisch hohen K^+-Konzentration, aber einer künstlich erhöhten Cl^--Konzentration. Diese entspricht dem extrazellulären Wert, sodass sich ein Umkehrpotential von ca. 0 mV ergibt – Chloridströme werden in der Regel als Einwärtsströme auftreten, inhibitorische postsynaptische Potentiale sind daher stark depolarisierend. Für viele Anwendungen ist dieses einfache, robuste Grundrezept völlig ausreichend. Die Zumischung einer geringen Na^+-Konzentration entspricht (grob) normalen Verhältnissen und hat sich in vielen Zellen als stabilisierend bewährt. Die Konzentrationen von Kalzium und Magnesium variieren in verschiedenen Protokollen stark. Wichtig ist, dass die Ca^{2+}-Konzentration niedrig gehalten und gepuffert wird, hier durch 4 mM EGTA (Werte bis zu 10 mM sind üblich, je nach nomineller Ca^{2+}-Konzentration lässt sich die freie Konzentration mittels frei zugänglicher Programme berechnen, z. B. dem Maxchelator von Chris Patton (Bers et al. 2010). Eine schnellere Pufferung wird durch BAPTA erreicht, was in manchen Anwendungen wichtig ist, um einströmendes Ca^{2+} bereits membrannah „abzufangen". Der pH-Wert wird meist auf etwa 7,3 (manchmal sogar 7,2) eingestellt, also etwas saurer als im Extrazellulärraum. Dazu dient hier HEPES (2-(4-(2-Hydroxyethyl)-1-piperazinyl)-ethansulfonsäure), titriert wird die Lösung natürlich mit Kaliumhydroxid (KOH).

Beispiel

Intrazelluläre Lösung für Ableitungen von Neuronen (*low chloride*):
144 mM K-Gluconat
4 mM KCl
10 mM HEPES
4 mM Mg-ATP
0,3 mM Na-GTP
10 mM Na_2-Phosphokreatin
pH 7,3 mit KOH ◄

Hier ist Gluconat das Hauptanion, sodass die Cl^--Konzentration niedrig bleibt (4 mM). Alternativ wird auch Aspartat verwendet. Bei normalen extrazellulären Verhältnissen ergibt sich ein Cl^--Umkehrpotential von ungefähr –90 mV; so lässt sich die Öffnung von Chloridkanälen (z. B. an inhibitorischen Synapsen) gut als Hyperpolarisation (Current-Clamp) bzw. Auswärtsstrom (Voltage-Clamp) messen und von exzitatorischen postsynaptischen Potentialen oder Strömen trennen. Im Fall der hier zitierten Lösung aus Rozov et al. (2020) wurden auch verschiedene Zusätze (ATP, Phosphokreatin, GTP) verwendet, auf die wir unten eingehen.

▶ **Tipp** Ersetzt man Kalium in der intrazellulären Lösung durch Caesium, werden Ströme durch die konstitutiv aktiven Kaliumkanäle weitgehend blockiert. Durch den erhöhten Membranwiderstand wird die Zelle elektrisch „kompakter", sodass sich das Verhältnis von Serien- zu Membranwiderstand und die Spannungskontrolle in entfernten Kompartimenten verbessern (Abschn. 5.2.4.2). Außerdem wird das Rauschen bei Stromaufzeichnungen geringer, weil ja die Beiträge der Kaliumkanäle wegfallen. Allerdings kann die Zelle damit weder ihr Ruhemembranpotential aufrechterhalten noch normale Aktionspotentiale ausbilden, sodass Messungen in der Current-Clamp-Konfiguration sehr eingeschränkt sind.

4.4.5.1 Zusätze

Wir haben schon vielfach betont, dass die Elektrolytlösungen beidseits der Membran die Situation von Patch-Clamp-Ableitungen in gewisser Hinsicht künstlich machen. Dabei gehen wichtige zelluläre Funktionen verloren, und manchmal leidet die Stabilität der Zelle. Vielfach wird die intrazelluläre Lösung mit Zusätzen angereichert, die diese Effekte abschwächen sollen. Wir zählen hier einige Klassiker auf, verweisen aber darauf, dass es keine Patentlösungen oder festen Standards gibt und dass man sich hier an der Literatur zum eigenen Forschungsthema sowie an den eigenen Erfahrungen orientieren sollte.

- ATP: Damit sollen ATP- bzw. energieabhängige Prozesse erhalten werden; typisch sind 2–4 mM als Magnesium- oder Natriumsalz.
- Phosphokreatine: Sie dienen als schnelle Energielieferanten für anaerobe Glucoseverbrennung; typisch sind Konzentrationen bis ca. 10 mM.
- GTP: Es soll die Funktion GTP-bindender Proteine (also G-Protein-abhängige Signalkaskaden) aufrechterhalten; typisch sind Werte bis 0,5 mM.
- Glucose, cAMP oder cGMP (besonders in Zellen mit HCN- oder CNG-Kanälen, die durch zyklische Nukleotide moduliert werden) und andere Substanzen werden je nach Präparat und Fragestellung zugesetzt.

Literatur

Bers DM, Patton CW, Nuccitelli R (2010) A practical guide to the preparation of ca(2+) buffers. Methods Cell Biol 99:1–26

Chen CC, Cang C, Fenske S et al (2017) Patch-clamp technique to characterize ion channels in enlarged individual endolysosomes. Nat Protoc 12:1639–1658

Danker T, Braun F, Silbernagl N, Guenther E (2016) Catch and patch: A pipette-based approach for automating patch clamp that enables cell selection and fast compound application. Assay Drug Dev Technol 14:144–155

Dodt HU, Eder M, Schierloh A, Zieglgansberger W (2002) Infrared-guided laser stimulation of neurons in brain slices. Sci STKE 2002:pl2

Dodt HU, Frick A, Kampe K, Zieglgansberger W (1998) NMDA and AMPA receptors on neocortical neurons are differentially distributed. Eur J Neurosci 10:3351–3357

Dodt HU, Zieglgansberger W (1990) Visualizing unstained neurons in living brain slices by infrared dic-videomicroscopy. Brain Res 537:333–336

Haas HL, Schaerer B, Vosmansky M (1979) A simple perfusion chamber for the study of nervous tissue slices in vitro. J Neurosci Methods 1:323–325

Hájos N, Ellender TJ, Zemankovics R et al (2009) Maintaining network activity in submerged hippocampal slices: Importance of oxygen supply. Eur J Neurosci 29:319–327

Hamill OP, Marty A, Neher E, Sakmann B, Sigworth FJ (1981) Improved patch-clamp techniques for high-resolution current recording from cells and cell-free membrane patches. Pflugers Arch 391:85–100

Kantevari S, Matsuzaki M, Kanemoto Y, Kasai H, Ellis-Davies GC (2010) Two-color, two-photon uncaging of glutamate and gaba. Nat Methods 7:123–125

Maier N, Morris G, Johenning FW, Schmitz D (2009) An approach for reliably investigating hippocampal sharp wave-ripples in vitro. PLoS ONE 4:e6925

Rozov A, Rannap M, Lorenz F, Nasretdinov A, Draguhn A, Egorov AV (2020) Processing of hippocampal network activity in the receiver network of the medial entorhinal cortex layer v. J Neurosci 40:8413–8425

Schweizer PA, Darche FF, Ullrich ND et al (2017) Subtype-specific differentiation of cardiac pacemaker cell clusters from human induced pluripotent stem cells. Stem Cell Res Ther 8:229

Sylantyev S, Rusakov DA (2013) Sub-millisecond ligand probing of cell receptors with multiple solution exchange. Nat Protoc 8:1299–1306

Ting JT, Lee BR, Chong P et al. (2018) Preparation of acute brain slices using an optimized n-methyl-d-glucamine protective recovery method. J Vis Exp

Vandael D, Okamoto Y, Borges-Merjane C, Vargas-Barroso V, Suter BA, Jonas P (2021) Subcellular patch-clamp techniques for single-bouton stimulation and simultaneous pre- and postsynaptic recording at cortical synapses. Nat Protoc 16:2947–2967

Die Praxis von Patch-Clamp-Experimenten

5

In den vorigen Kapiteln haben wir theoretische Grundlagen und technische Voraussetzungen von Patch-Clamp-Experimenten besprochen. Also kann es jetzt losgehen: Hier beschreiben wir die einzelnen Schritte zur Herstellung einer Patch-Clamp-Ableitung. Was muss man in welcher Reihenfolge tun, wie stellt man die verschiedenen Konfigurationen von Ableitungen her, und worauf muss man besonders achten?

5.1 Herstellung einer Patch-Clamp-Ableitung

Zu Beginn der Messung liegt unser Präparat in der Messkammer, die mit extrazellulärer Lösung gefüllt ist bzw. durchspült wird. Die gut chlorierte Erdelektrode (Draht oder Pellet) ist im Bad, und einige Pipetten liegen in einer abgedeckten Schale zur Benutzung bereit. Nachdem wir im Mikroskop eine geeignete Zelle (oder eine Geweberegion für den Blind-Patch-Ansatz) ausgesucht haben, füllen wir eine Pipette luftblasenfrei mit intrazellulärer Lösung (Abschn. 4.4.3 und 4.4.5), und zwar so knapp, dass der Silberdraht gerade einige Millimeter in die Lösung eintaucht. Der Silberdraht sollte hierfür bis in das vordere Drittel der Pipette „eingefädelt" werden, also ausreichend lang und gut chloriert sein. Dann spannen wir die Pipette in den Halter (gute Fixierung durch die Dichtungsringe beachten!) und bringen mit der angeschlossenen Spritze positiven Druck auf den am Halter befindlichen Schlauch. Wenn man ein Manometer angeschlossen hat, stellt man für Präparate aus Zellkulturen etwa 50 mbar ein, für Gewebeschnitte etwa 100 mbar. Jetzt kann die Pipette ins Bad getaucht werden, wozu man meistens eine Schwenk- oder Kippvorrichtung und den „Grobtrieb" am Manipulator verwendet.

F. C. Roth et al., *Patch-Clamp-Technik*, https://doi.org/10.1007/978-3-662-66053-9_5

▶ **Tipp** Manchmal lässt der Druck im Pipettenhalter noch vor der Seal-Bildung von selbst nach. Man bemerkt das, weil der federnde Gegendruck am Kolben der Spritze sich vermindert oder weil das vor der Pipettenspitze liegende Gewebe nicht durch den Ausstrom von Flüssigkeit „freigeblasen" wird. Das kann sehr störend sein, ist aber fast immer durch einfache Maßnahmen zu beheben:

- Undichtigkeiten auf der Strecke Spritze–Schlauch–Pipettenhalter suchen und beseitigen.
- Dichtungen im Pipettenhalter überprüfen und gegebenenfalls wechseln.
- Prüfen, ob der Kolben der Spritze so leichtgängig ist, dass er von selbst den Druck wieder entlastet.
- Dreiwegehahn verwenden, der den Schlauch zur Pipette „abriegelt".
- Manometer zur Überwachung in das Schlauchsystem einbauen.

5.1.1 Schritt 1: Kompensation von Offset-Potentialen

Vor der Seal-Bildung müssen Übergangs- und Elektrodenpotentiale ausgeglichen werden, deren Entstehung wir in Kap. 3 besprochen haben (Neher 1995). Bei Patch-Clamp-Verstärkern wird für die Seal-Bildung der Voltage-Clamp-Modus benutzt, auf den wir uns hier konzentrieren. Wenn Current-Clamp-Experimente geplant sind, sollte man aber den Offset-Ausgleich auch im Current-Clamp-Modus kontrollieren und gegebenenfalls korrigieren. Im Voltage-Clamp-Modus liegt zu Beginn kein Kommandopotential an (es wird entweder in der Steuersoftware deaktiviert oder auf 0 mV eingestellt). Der Verstärker sollte in dieser Situation möglichst 0 pA Strom anzeigen. Meistens trifft dies anfangs aber nicht genau zu, weil das reale Potential eben Offsets aufweist und darum nicht wirklich 0 mV ist. Dadurch entsteht ein Strom, der bei offener Pipette im Bad typischerweise einige Hundert Pikoampere beträgt. Nach einem Wechsel zu einer anderen Pipettenlösung kann die Abweichung auch deutlich größer sein. Nehmen wir also an, dass der Verstärker beim Eintauchen der Elektrode ins Bad einen stark von null abweichenden Wert anzeigt, zum Beispiel 500 pA. Man kann diesen Offset manuell (ältere Bautypen) oder im Steuerprogramm „nullen", das heißt, man eliminiert den Offset und definiert damit das Potential der offenen Elektrode im Bad als 0 mV, bei dem der Haltestrom 0 pA beträgt. Im Verlauf des Experiments kann es allerdings zu Änderungen des Offsets kommen, sodass die initiale Einstellung dann nicht mehr stimmt. Das trifft besonders für die Übergangspotentiale (*liquid junction potentials*, LJPs) zu, die bei der Abdichtung der Pipette mit der Membran verschwinden (Abschn. 3.2.3) (Neher 1992). Anders ist es, wenn mit der Zeit immer größere Offsets auftauchen, die nicht mit den Messlösungen erklärbar sind – erkennbar daran, dass sie auch auftreten, wenn man Pipette und Bad mit identischer Lösung füllt. Oft ist hierfür eine Abnutzung der Chlorierung am Elektrodendraht oder an der Erdelektrode (Bad–Erde) oder eine Veränderung der Kontaktfläche zur Lösung verantwortlich. Dies kommt vor, wenn zu wenig Pipettenlösung eingefüllt wurde oder sie sich nicht vollständig in der Spitze gesammelt hat. Im Fall der Erdelektrode kann es zu schwankenden Offsets je nach Höhe des „Wasserspiegels" im Bad kommen, vor allem, wenn sie nicht oberhalb der Kontaktfläche wasserdicht isoliert ist. Man sollte dann die Chlorierung der Badelektrode (Pellet) und des Elektrodendrahtes kontrollieren und die Komponenten im Zweifelsfall austauschen. Schließlich kann es noch während der Messung zu ungewollten Potentialänderungen kommen, wenn die Konzentration von Chloridionen in der extrazellulären Lösung verändert wird. Dann ändert sich der Ionenaustausch zwischen Silberchloridelektrode und Bad, sodass ein neues Offset-Potential entsteht. In solchen Experimenten sollte man zur Erdung eine Agarbrücke einsetzen, in der eine konstante Umgebung des Silberdrahtes herrscht (Abschn. 4.4.4.1). Nur zur Sicherheit: Eine nominell chloridfreie Lösung setzt das Prinzip des Ladungsübergangs an chlorierten Silberdrähten weitgehend außer Kraft. Wir gehen also faktisch nie unter 4 mM Chlorid in den Pipettenlösungen.

▶ Nach Abschluss längerer Messungen kann man die Pipettenöffnung durch (deutlichen!) Überdruck von Zellmembranresten befreien und erneut den Strom (Voltage-Clamp) oder das Potential (Current-Clamp) ohne Kommandospannung bzw. Strominjektion ablesen. Der Offset kann nun einige Millivolt betragen (Current-Clamp), also von dem ursprünglich eingestellten Nullpunkt verschieden sein. Es ist umstritten, ob man dann alle vorher gemessenen Potentialwerte um diesen Betrag korrigieren sollte, denn man weiß ja nicht, wann der Offset während des Experiments entstanden ist. Wenn der Potentialwert für das Experiment kritisch ist, sollte man also besser ein Abbruchkriterium definieren: Bei einer Abweichung der Spannungswerte vor und nach dem Experiment um mehr als x mV wird die Zelle verworfen (x kann z. B. 2 mV sein). Das tut weh, ist aber unvermeidlich, weil sonst die Potentialwerte unsicher sind.

5.1.2 Schritt 2: Abschätzung des Pipettenwiderstands

Jetzt ist also die Pipette im Bad und Offset-Potentiale sind ausgeglichen. Um den Pipettenwiderstand zu bestimmen und während der Seal-Bildung genau zu verfolgen, sollte ein ständig wiederholter Testpuls laufen, zum Beispiel eine rechteckförmige Änderung der Kommandospannung von -10 mV für 50 ms mit einer Wiederholungsrate von 10 Hz (Abb. 5.1). Da der Strom durch die offene Pipette erwartungsgemäß recht groß ist (mehrere Nanoampere), wird die Verstärkung in dieser Situation auf einen geringen Wert eingestellt, typischerweise 1 mV/pA. Der mittlere Strom liegt ungefähr bei null, mit Ausnahme der Antwort auf den negativen Kommandospannungspuls (Testpuls), der jeweils mit einem entsprechenden rechteckförmigen Strom „beantwortet" wird. Die Amplitude dieser Stromantwort wird vom Widerstand der Pipette bestimmt. Man kann also nach $U = R \times I$ (ohmsches Gesetz) den Pipettenwiderstand berechnen.

Beispiel

Amplitude des Testpulses -10 mV
Amplitude der Stromantwort 2 nA
Widerstand R $= 10$ mV/2 nA $= 10 \times 10^{-3}$ V/2 $\times 10^{-9}$ A $= 5 \times 10^6$ $\Omega = 5$ MΩ ◄

Viele Steuerprogramme für Patch-Clamp-Verstärker berechnen den Widerstand automatisch und zeigen ihn an. Meist entwickelt man für ein bestimmtes Präparat nach einiger Zeit ein gutes Gefühl für den Bereich, in dem der Widerstand einer „guten" Pipette liegen sollte. Typische Werte liegen zwischen 3 und 5 MΩ.

Verwendet man einen Verstärker mit Brückenkompensationsfunktion im Current-Clamp-Modus, kann man auch einen vergleichbaren Testpuls (10 Hz) von zum Beispiel -300 pA einstellen und den Pipettenwiderstand „weg-kompensieren", bis der Testpuls nicht mehr sichtbar ist. Danach lässt sich der kompensierte Widerstand im Steuerprogramm oder analog am Verstärker einfach ablesen. Die Brückenkompensation ist unabhängig von den oben beschriebenen Voltage-Clamp-Messungen und bietet daher eine gute Kontrollmöglichkeit bei Unsicherheiten in der Abschätzung des Pipettenwiderstands.

▶   **Tipp** Findet man nach dem Eintauchen der Pipette ins Bad keine rechteckförmige Stromantwort auf den Kommandospannungspuls, so können folgende Fehler vorliegen:

- Luftblase in der Pipette.
- Keine Verbindung zwischen Silberdraht und Pipettenlösung (z. B. unzureichende Füllung).
- Keine Verbindung zwischen Silberdraht und Vorverstärker (z. B. lose Lötstelle).

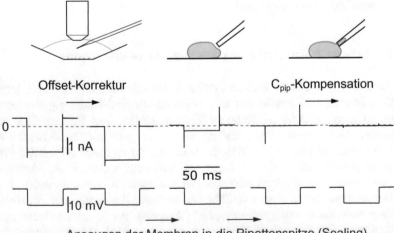

Abb. 5.1 Herstellung der Cell-attached-Konfiguration (Schemazeichnung und typische Ströme)

- Erdelektrode nicht ins Bad eingetaucht oder nicht mit dem Vorverstärker verbunden.
- Keine Verbindung zwischen Vorverstärker und Steuereinheit.
- Falsche Einstellung des Programms (z. B. Voltage-Clamp-Modus mit hohem Kommandopotential, sodass ein Strom im Sättigungsbereich des Verstärkers entsteht).

5.1.3 Schritt 3: Seal-Bildung

Nachdem die Grundeinstellungen manuell oder automatisch eingestellt wurden, kann man sich nun der Zelle nähern. Dazu muss man zunächst (außer beim Blind-Patch) die Pipettenspitze im Mikroskop finden und sich vergewissern, dass die Pipette intakt, frei und sauber ist, bevor man sie in die Nähe der Zelle bringt. Dazu geht man mit dem Mikroskopfokus in Richtung des Präparats voraus und bewegt die Pipette hinterher, bis man sich zuletzt langsam und vorsichtig mit der Pipette auf die Zelle zubewegt. In Gewebeschnitten ist es wichtig, die Pipette axial, also in Richtung der Pipettenachse auf die Zelle zu bewegen, um ein Verschieben des umliegenden Gewebes zu vermeiden. Die richtige Anfangsposition muss man hierbei durch Vorfahren, Zurückfahren, Korrigieren der Y- und Z-Position und abermaliges Vorfahren immer neu bestimmen. Währenddessen sollte man stets darauf achten, nicht andere Zellen im Gewebe „aufzuspießen" und ausreichend Überdruck auf der Pipette zu haben, um den Raum unmittelbar vor der Pipettenmündung frei zu halten. Wichtig ist, durch ein koordiniertes Spiel am Fokus ein Gefühl für die vertikale Position von Pipette und Ziel zu haben. Vor allem bei kultivierten Zellen (*Monolayern*) kann die Pipette leicht den Boden der Kammer berühren und bricht dann unweigerlich ab, was am plötzlich stark abnehmenden Pipettenwiderstand bzw. der zunehmenden Amplitude der Stromantwort auf den Testpuls erkennbar ist. Man muss dann mit einer frischen Pipette von vorn anfangen, ohne sich unnötig aufzuregen – das ist uns allen schon mehrfach passiert! Im günstigen Fall sieht man aber nach einiger Zeit Pipette und Zelle im Bildausschnitt des Mikroskops und kann mit der Bildung des Seals, also der Abdichtung zwischen Pipettenmündung und Zellmembran, beginnen.

Bei isolierten Zellen reduziert man den Überdruck der Pipette jetzt so weit, dass der Ausstrom von Flüssigkeit keine groben Kräfte auf die Zelle ausübt oder sie gar wegbläst. Im Gewebeschnitt vertragen die Zellen meist etwas höhere Drücke (bis zu 130 mbar). Man nähert sich der Zelloberfläche, wenn möglich, schräg von oben in Richtung der Pipettenachse. Manchmal lässt sich dabei die Oberfläche der Zelle durch den Flüssigkeitsstrom aus der Pipette vor der Seal-Bildung etwas säubern, das heißt von Zelltrümmern und extrazellulärer Matrix befreien. Die unmittelbare Nähe zur Zellmembran erkennt man an zwei Signalen: zum einen an einer leichten Abnahme der Stromantwort auf den Testpuls, weil sich der Widerstand durch die vor der Pipette liegende Membran erhöht und zum anderen an einer charakteristischen Eindellung der Membran durch die aus der Pipette strömende Flüssigkeit (*dimpling*). Mit der Zeit entwickelt man ein Gefühl für das eigene Präparat und wird nach einiger Zeit die Bewegungen des

Manipulators, die Druckminderung, die Beobachtung der Zellmembran und die Beachtung der Stromamplitude automatisch durchführen. In unmittelbarer Nähe der Zellmembran nimmt man nun den Überdruck von der Pipette (Abziehen der Spritze vom Druckschlauch oder Umlegen des Dreiwegehahns). Oft reicht dies, damit die Membran sich der Mündung der Pipette annähert und der Widerstand steil ansteigt (die Stromantwort also sehr klein wird). In den meisten Fällen muss man allerdings durch behutsames Saugen nachhelfen. Es gibt verschiedene „Philosophien" zu Zeitverlauf und Stärke des Saugens, die von „rampenförmig und behutsam" bis zu „kurz und stoßartig" reichen. Wir geben keine Empfehlung, sondern ermuntern zum Ausprobieren. Zu grobe Aktionen (Saugen mit maximaler Kraft) sind aber definitiv nicht sinnvoll.

Während der Seal-Bildung sollte man das Potential der Pipette bereits in etwa auf das intrazelluläre Potential einstellen. Dieses kennt man zwar nicht, aber bei normalen Säugerzellen sind -60 oder -70 mV ein guter Erwartungswert. Für viele Präparate findet man Angaben in der Literatur. Wir stellen das negative Potential mittels eines automatisierten Skripts ab einem Widerstand von 30 MΩ ein, also wenn der Seal gerade anfängt, sich zu bilden. Dadurch wird nach unserer Erfahrung die Seal-Bildung wesentlich gefördert.

Wenn sich der Seal gebildet hat, ist die Stromanzeige trotz weiterlaufenden Testpulses fast vollständig flach, bis auf deutliche kapazitive Transienten am Anfang und Ende des Testpulses (s. unten, Schritt 4). Der Grund für den geringen Strom ist der extrem hohe Widerstand, den die Membran mit der Pipettenspitze bildet (Abb. 5.1). Bei modernen Steuerprogrammen lässt sich der Wert des Seal-Widerstands einfach am Monitor ablesen. Trotzdem rechnen wir zum besseren Verständnis ein Beispiel durch.

Beispiel

Unsere Pipette mit 5 MΩ Widerstand hatte ursprünglich mit einem Strom von 2 nA auf den 10-mV-Testpuls reagiert. Jetzt erscheint die Spur bei geringer Vergrößerung auf dem Monitor flach. Wir erhöhen also die Verstärkung auf 100 mV/pA. Das Rauschen des gemessenen Stroms wird jetzt wesentlich deutlicher. Bei ausreichender Filterung (Abschn. 5.3.2) lässt sich der verbliebene Strom grob abschätzen und beträgt in unserem Beispiel etwa 2 pA. Nach dem ohmschen Gesetz ergibt sich der Widerstand aus 10 mV/2 pA $= 10 \times 10^{-3}$ V/2×10^{-12} A $= 5 \times 10^{-9}\Omega$, also 5 GΩ. Dies ist ein solider Wert für den Seal-Widerstand. Oft ist die Abdichtung noch deutlich höher, sodass man auch bei hoher Verstärkung die Stromantwort auf den 10-mV-Puls nicht mehr solide ablesen kann. ◄

Was tut man, wenn die Zellen nicht „anbeißen"? Es gibt zahlreiche verschiedene Rezepte, Tipps und Legenden zur Herstellung „guter Seals". Wie immer raten wir dazu, die Literatur zum eigenen Präparat sorgfältig zu studieren, von erfolgreichen Kolleginnen und Kollegen zu lernen und für das notwendige Probieren und Üben ausreichend Geduld aufzubringen. Einige Tipps haben wir bereits oben gegeben.

Für den Fall anhaltender Schwierigkeiten geben wir im Folgenden weitere Hinweise aus eigener Erfahrung.

▶   **Tipp**

- Die Pipette ist verschmutzt. Sie sollte staubfrei und abgedeckt gelagert werden, natürlich unbenutzt sein und mit einer sauberen, gefilterten Lösung gefüllt werden. Eine stark verschmutzte Badlösung kann ebenfalls die Pipettenmündung verunreinigen (unter anderem durch ausfallende Salze bei fehlerhaftem pH-Wert oder Ionenkonzentrationen).
- Die Pipettenform ist ungeeignet. Hier muss man einiges probieren – engere oder weitere Öffnungen, dickere oder dünnere Gläser etc. Auch Pipetten mit einem Filament im Inneren können manchmal Probleme machen (Abschn. 4.4).
- Die Pipette ist nicht ausreichend fixiert und bewegt sich bei Druckänderungen. Vollständig in den Halter einschieben, gut fixieren und gegebenenfalls die Dichtungen erneuern!
- Der Mikromanipulator ist instabil. Überprüfen der Montage, konsequente Zugentlastung aller Kabel und Schläuche, Test der Stabilität durch langzeitige Beobachtung der Position einer offenen Pipette im Bad (Abschn. 4.2.2).
- Die Zellen sind besonders empfindlich. Vorsichtig annähern, nicht zu viel Druck, kein zu starkes Dimpling! Optimierung der Optik für eine kontrastreiche Darstellung der Zelloberfläche. Wenn man die Wahl hat: große, runde Zellen lassen sich am einfachsten ableiten, sehr kleine oder sehr flache Zellen sind schwierig.
- Die Zelle bzw. das Gewebe ist in einem schlechten Zustand und die Membran gegebenenfalls zu steif (kein Dimpling möglich, die ganze Zelle bewegt sich mit der Pipette). Auf optimales Gewebe achten, „gesunde" osmotisch stabile Zellen auswählen.
- Der Druckschlauch ist abgeknickt oder undicht, sodass nach kurzer Zeit kein Über- oder Unterdruck mehr anliegt. Bei Verdacht gefüllte Pipette ins Bad tauchen, Druck anlegen und abwarten, ob der Druck hält.
- Die Pipettenlösung ist nicht geeignet (Ca^{2+}-, Mg^{2+}-Konzentration, pH, Osmolarität etc.). Anhand der Literatur überprüfen und gegebenenfalls ändern. Hinweise: Es gibt Pipettenlösungen (z. B. gluconathaltige), bei denen die Seal-Bildung schwieriger ist und etwas mehr Übung erfordert. Auch alte Pipettenlösungen können Probleme verursachen. Allerdings gibt es hierzu keine feste Regel – manche stellen alle zwei Wochen neue Lösungen her, andere einmal im Jahr.

Alle Elektrophysiologinnen und -physiologen haben schon frustrierende Tage, manchmal sogar Wochen, erlebt. Davon sollte man sich nicht entmutigen lassen, aber auch nicht versuchen, mit dem Kopf durch die Wand zu gehen. Bevor man anfängt, die Pipette „mit Gewalt" auf die Zellen zu drücken oder mit aller Kraft die Membran in die Pipette zu saugen, sollte man lieber einen Kaffee trinken gehen, den Kolleginnen und Kollegen sein Leid klagen und sich beruhigen. Wenn man auch nach systematischer Fehlersuche keine Seals bekommt, sind oft die Zellen nicht in gutem Zustand. Man sollte dann die Präparation des Gewebes oder die Kulturbedingungen optimieren. Hier lohnt sich jeder Aufwand!

5.1.4   Schritt 4: Kapazitätskompensation

Ist der Seal hergestellt, sollte als nächstes die Pipettenkapazität im Voltage-Clamp-Modus kompensiert werden. Man sieht die kapazitiven Ladeströme von Pipette und Pipettenhalter als „Nadeln" am Anfang und Ende des Testpulses (Abb. 5.1). Die Abtastrate des Stroms (*sampling rate*) muss ausreichend hoch sein (meist deutlich über 10 kHz), um die kurzen kapazitiven Transienten gut abzubilden. Man minimiert nun diese Signale, indem man den Ladestrom durch einen separaten Schaltkreis außerhalb der Strommessung injiziert. Die Theorie der Kapazitätskompensation haben wir in Abschn. 3.2.1 ausführlich besprochen. Nach manueller oder programmgesteuerter Kompensation der Pipettenkapazität sind die kapazitiven Artefakte also weitgehend verschwunden. Durch den Wegfall dieses nichtbiologischen Signals nimmt auch das Rauschen des gemessenen Stroms ab, was natürlich ein erwünschter Effekt ist. Allerdings bleibt der verzögernde Effekt der Kapazität auf Spannungsänderungen und Strommessungen im Voltage-Clamp erhalten, da die Umladung der Pipette ja immer noch genauso erfolgen muss wie zuvor – sie ist lediglich im gemessenen Signal nicht mehr sichtbar! Eine echte Beschleunigung der Umladeprozesse erzielen nur spezielle Verstärker mit überschießender Strominjektion (*supercharging*). Essenziell ist auch die Kompensation der Pipettenkapazität im Current-Clamp, wo sie direkte Auswirkungen auf die Messgenauigkeit hat. Der Zeitverlauf von Membranpotentialänderungen kann nur bei korrekter Kompensation in Echtzeit gemessen werden (sonst wirkt die Kapazität als Tiefpass, das heißt, sie verlangsamt alle gemessenen Signale). Die Pipettenkapazität sollte bei längeren Messungen mehrfach kontrolliert und bei Bedarf nachjustiert werden. Generell sollte sie so klein wie möglich gehalten werden.

▶   **Tipp**

- Man sollte den Flüssigkeitsfilm an der Pipette so klein wie möglich halten. Dazu muss die extrazelluläre Lösung im Bad so flach wie möglich sein, sodass die Pipette nur minimal eintaucht.
- In kritischen Experimenten kann man die Pipette mit wasserabweisenden Substanzen beschichten, zum Beispiel durch Auftragen von Wachs oder Sylgard (Abschn. 4.4.2).
- Der Pipettenhalter sollte kompakt gebaut, trocken und sauber sein.
- Schließlich reduzieren dickwandige Pipetten die Kapazität. Man sollte, wenn möglich, für rauscharme Messungen also Gläser mit möglichst großer Wandstärke verwenden.

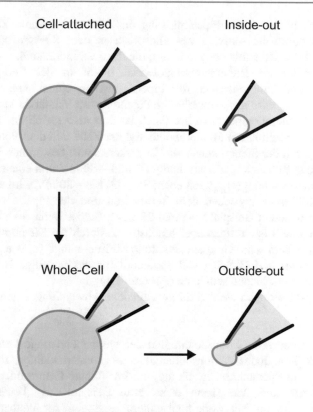

Abb. 5.2 Verschiedene Patch-Clamp-Messkonfigurationen

Wenn der Seal erfolgreich gebildet wurde, sind wir in der Cell-attached-Konfiguration. Man kann nun Messungen durchführen oder zu einer der weiteren Konfigurationen wechseln, die in Abb. 5.2 dargestellt und im Folgenden besprochen werden.

5.2   Die verschiedenen Patch-Clamp-Konfigurationen

5.2.1   Die Cell-attached-Konfiguration

In der initial hergestellten Cell-attached-Konfiguration (Abb. 5.2) bleibt die Membran unter der Pipette intakt, wird allerdings durch das Einsaugen in die Pipette mehr oder weniger stark deformiert, was zur Aktivierung mechano-sensitiver Ionenkanäle führen kann. Auf der intrazellulären Seite der Membran befinden sich alle Proteine in ihrer natürlichen Umgebung, das heißt, alle Second-Messenger-Systeme sowie die intrazellulären Ionenkonzentrationen bleiben unbe-einflusst. Dies ist ein wesentlicher Vorteil der Cell-attached-Anordnung gegenüber

Konfigurationen, in denen die Pipettenlösung das Milieu bestimmt. Zahlreiche Kanäle werden durch die Aktivität von Phosphatasen oder Kinasen oder durch andere intrazelluläre Mechanismen moduliert, die dann verändert sind.

Auch das zelleigene Ruhemembranpotential bleibt in der Cell-attached-Anordnung erhalten. Nur unterhalb der Pipette, also in einem winzigen Ausschnitt der Membran, wird das extrazelluläre Potential vom Verstärker kontrolliert. Das resultierende Membranpotential am Patch ist dort also gleich der Differenz zwischen dem (intrazellulären) Membranpotential der Zelle und dem Potential der Pipette, das man mit der Steuereinheit des Verstärkers selbst bestimmen kann. Bei einem „normalen" Ruhepotential zwischen −60 und −80 mV und einem Voltage-Clamp-Kommandopotential (U_{soll}) von ebenfalls −60 bis −80 mV wird also keine große Potentialdifferenz zwischen dem Zellinneren und der Pipette mehr vorhanden sein (in unserem Beispiel maximal 20 mV). Selbst wenn die elektrische Potentialdifferenz null ist, können aber Ionenströme durch die Membran fließen, denn der elektrochemische Gradient für Ionenströme hängt ja vom Abstand zwischen Membran- und Gleichgewichtspotential für das jeweilige Ion ab, der durchaus von null verschieden sein kann (Abschn. 2.1).

Cell-attached-Messungen werden für verschiedene Anwendungen genutzt, zum Beispiel:

- Die Beobachtung von Aktionspotentialen bei weitgehend ungestörtem intrazellulärem Milieu. Jedes Aktionspotential erzeugt einen kleinen, transienten Strom oder eine Spannungsschwankung, die im Voltage-Clamp oder Current-Clamp sichtbar sind. Man kann damit zum Beispiel das „Feuern" einer Nervenzelle in ihrem Netzwerk beobachten. Aussagen zur Wellenform des Aktionspotentials oder zu Prozessen unterhalb der Schwelle für Aktionspotentiale *(subthreshold potentials)* sind aber kaum möglich.
- Einzelkanalmessungen im Cell-attached-Modus zeigen das Verhalten der Kanäle bei erhaltenem intrazellulärem Milieu. Dies ist besonders interessant, wenn die Kanäle durch intrazelluläre Signale moduliert werden können. Allerdings hat man keine Kontrolle über das intrazelluläre Milieu, das heißt, die biophysikalische Charakterisierung der Kanäle ist weniger vollständig als bei isolierten Membran-Patches.
- Eine besonders interessante Anwendung ist die Bestimmung des Ruhemembranpotentials von Zellen. Dieser Wert ist nämlich gar nicht so trivial herauszufinden, wie manche Lehrbuchkapitel vermuten lassen. Sticht man eine intrazelluläre Messelektrode durch die Membran, wird das Ruhepotential durch die Verletzung mit hoher Wahrscheinlichkeit schon verändert. Auch in der Whole-Cell-Konfiguration der Patch-Clamp-Technik (s. unten) herrschen artifizielle Verhältnisse, weil ab dem Moment der Membranruptur das intrazelluläre Milieu durch die Pipettenlösung verändert wird. Im Cell-attached-Modus ist all das nicht der Fall. Das lässt sich nutzen, um das „wahre"

Ruhemembranpotential zu messen. Voraussetzung ist, dass die Membran aktive Kaliumkanäle enthält. Man verwendet eine Pipettenlösung, die in etwa dieselbe Konzentration an Kalium wie der intrazelluläre Raum enthält, also ca. 150 mM K^+. Da kein nennenswerter Konzentrationsgradient vorhanden ist, hängt die treibende „Kraft" für Kaliumströme jetzt nur noch vom Membranpotential des Patch ab. Wenn man das Kommandopotential der Pipette nun systematisch variiert und dabei Ströme durch K^+-selektive Ionenkanäle misst, beträgt die Stromamplitude genau dann null, wenn das Pipettenpotential gleich dem Membranpotential der Zelle ist (treibende Kraft ist null). Die grafische Darstellung der Stromamplituden in einem Strom-Spannungs-Diagramm und Interpolation ergibt dann recht genau den Wert des nichtinvasiv gemessenen Ruhemembranpotentials (Perkins 2006).

Probleme bereitet oft die Vorzeichenkonvention. Legt man an die Pipette im Voltage-Clamp-Modus ein negatives Potential an, so hyperpolarisiert man lokal die extrazelluläre Seite der Membran. Damit wird das negative intrazelluläre Potential im Bereich der Pipette teilweise egalisiert – faktisch hat man die Membran unterhalb der Pipette also depolarisiert, das heißt das Membranpotential in positiver Richtung verschoben. Wenn man das Zellinnere unterhalb des Patch negativer machen möchte, muss man also ein positives Kommandopotential vorgeben!

Die Darstellung des Potentials wird in der Literatur nicht einheitlich gehandhabt – entweder man gibt das Potential so an, wie es der Verstärker vorgibt (z. B. +60 mV), oder man berücksichtigt, dass das intrazelluläre Potential im Bereich des Patch sich genau umgekehrt verhält, und schreibt in diesem Fall −60 mV. Wichtig ist, dass man im Methodenteil klar sagt, welcher Konvention man folgt. Die Richtung der gemessenen Ströme betrachtet man generell aus der Sicht der Zelle. Das heißt, ein Strom *positiver Ionen in die Zelle* hinein ist ein *Einwärtsstrom* und wird definitionsgemäß mit negativem Vorzeichen versehen und nach *unten* dargestellt. Ein Strom *positiver Ionen aus der Zelle* heraus ist ein *Auswärtsstrom*, hat ein positives Vorzeichen und wird nach *oben* aufgetragen. Für *negative Ladungen* gilt das Umgekehrte, wobei immer die „technische Stromrichtung" angegeben wird; somit ist zum Beispiel ein Strom von Cl^- in die Zelle hinein ein Auswärtsstrom.

Im Cell-attached-Modus liegt die Pipette im extrazellulären Raum, sodass man für manche Messungen einfach die Lösung des Bades als Pipettenlösung verwenden kann. In anderen Situationen enthält die Pipettenlösung aber eine besondere Ionenzusammensetzung (z. B. im oben beschriebenen Beispiel der Messung des Ruhemembranpotentials) oder Zusätze, wie etwa einen Transmitter, der unter der Pipette gelegene ligandenaktivierte Ionenkanäle öffnet. Einige Rezeptbeispiele für intra- und extrazelluläre Lösungen finden sich in Abschn. 4.4.5.

5.2.2 Die Inside-out-Konfiguration

Bei der Inside-out-Konfiguration (Abb. 5.2) wird die zytoplasmatische Oberfläche des Membran-Patch zur Badlösung hin exponiert. Um einen Inside-out-Patch zu erhalten, sollte man zunächst einen sehr guten Cell-attached-Seal herstellen. Zieht man dann die Pipette langsam (!) von der Zelle weg, löst sich ein Membranstück von der Zelle ab, ohne dass der Seal-Widerstand merklich abnimmt. Dabei ist es wichtig, dass sich die Pipette in einer rein axialen Richtung bewegen lässt, um Bewegungen quer zur Membran zu vermeiden. Während der Rückwärtsbewegung der Pipette sollte man ein geringes negatives Potential anlegen (hohe Spannungsgradienten schaden der Stabilität der Membran), und es empfiehlt sich, den bei der Seal-Bildung benutzten repetitiven Spannungspuls (Testpuls) wieder zu aktivieren, um eine etwaige Verschlechterung des Seal-Widerstands beobachten zu können.

Manchmal hebt sich die Zelle beim Zurückziehen der Pipette vom Kammerboden ab (besonders bei frisch dissoziierten Zellen), oder es bildet sich ein Vesikel an der Pipettenspitze. Dann kann man die Pipette kurz aus dem Bad heraus an die Luft heben. Meistens platzt dann der Vesikel oder die Zelle, und es entsteht der gewünschte Inside-out-Patch. Den gleichen Effekt erreicht man, wenn man den Vesikel auf eine Luftblase, eine Sylgard-Kugel oder einen Mineralöltropfen im Bad tupft. Allerdings hat das kurze Herausheben der Pipette an die Luft den Vorteil, dass man dabei gleichzeitig den Flüssigkeitsfilm an der Außenseite der Pipette vermindert. Man sollte sie anschließend so wenig wie möglich wieder in die Lösung eintauchen, damit das Rauschen gering bleibt (Abschn. 3.2.1). Vesikel bilden sich seltener, wenn man in kalziumfreier Lösung arbeitet, was aber nicht der natürlichen Umgebung der Zellen entspricht und daher nicht zu lange anhalten sollte. Schnelleres Zurückziehen der Pipette kann Vesikelbildung verhindern, führt aber auch oft zu schlechteren Seals. Die Stabilität von Inside-out-Patches erhöht sich, wenn man einen Großteil (nicht alle!) der Chloridionen in der Badlösung durch Sulfat ersetzt. Dabei können aber erhebliche Offset-Potentiale entstehen, und man sollte eine Agarbrücke als Badelektrode verwenden (Abschn. 4.4.4).

Die Inside-out-Konfiguration ist zellfrei, das heißt, wir haben jetzt nur noch den isolierten Patch an der Pipette. Das intrazelluläre Milieu wird nun durch die Badlösung ersetzt, sodass modulierend wirkende Substanzen wie ATP, cAMP, IP_3, Spermin usw. weitgehend ausgewaschen werden. Das Fehlen dieser Moleküle begünstigt den sogenannten Rundown-Effekt, bei dem die gemessenen Ströme mit fortschreitender Dauer des Experiments immer kleiner werden. Dieses Verhalten ist zum Beispiel bei manchen Kalziumkanälen sehr ausgeprägt und schwer in den Griff zu bekommen. Es gibt alle möglichen Rezepte zur Verhinderung des Rundown, aber keine Patentlösung. Wenn der Zusatz von Magnesium-ATP, Phosphokreatin oder anderen in der Literatur empfohlenen Substanzen nicht hilft, muss man für längere Messungen gegebenenfalls die Cell-attached-Methode oder einen Perforated-Patch (Abschn. 6.2) verwenden.

Die Überlegungen und Konventionen bezüglich der Vorzeichen bleiben wie bei der Cell-attached-Konfiguration, denn noch immer weist ja die Außenseite der Membran zur Pipette. Der Fluss positiver Ladungen aus der vormals intrazellulären Seite in die Pipette hinein ist also ein Auswärtsstrom (Darstellung nach oben) und umgekehrt. Auch das Vorzeichen des Potentials ist wieder umgekehrt zur Zahl, die der Verstärker anzeigt: Will man auf der Innenseite der Membran ein Potential von −60 mV erhalten, muss man an die Pipette +60 mV anlegen. Das Ruhemembranpotential der Zelle spielt in dieser zellfreien Konfiguration natürlich keine Rolle mehr, und die Umkehrpotentiale der verschiedenen Ströme werden nun ganz vom Experimentator durch die Auswahl der „extrazellulären" (Pipetten-) und der „intrazellulären" (Bad-)Lösung bestimmt.

Die Inside-out-Messungen benutzt man meistens dann, wenn man die Wirkung intrazellulärer Modulatoren auf Ionenkanäle systematisch untersuchen will. In dieser Konfiguration kann man die Lösung auf der intrazellulären Seite der Membran genau vorgeben und frei variieren. So lässt sich zum Beispiel die cAMP-Wirkung auf sogenannte HCN-Kanäle studieren, die physiologisch durch zyklische Nukleotide moduliert werden. Allerdings muss man beachten, dass die Umgebung der Membran nun hochgradig artifiziell ist und weder Proteine noch die intrazellulären niedermolekularen Stoffe enthält.

5.2.3 Die Outside-out-Konfiguration

Eine weitere zellfreie Konfiguration ist Outside-out (Abb. 5.2). Dabei zeigt die alte intrazelluläre Seite der Membran zum Inneren der Pipette und die Außenseite zum Bad. Die Konventionen von Spannungs- und Stromrichtung sind wieder intuitiver: Ein Strom aus dem Bad in die Pipette hinein entspricht einem Einwärtsstrom (Darstellung nach unten), ein Kommandopotential von −60 mV bedeutet, dass an der Innenseite der Membran −60 mV anliegen, so wie man es als Membranpotential einer intakten Zelle (die hier natürlich nicht mehr vorhanden ist) angeben würde.

Die Outside-out-Konfiguration stellt man her, nachdem man zunächst in der Whole-Cell-Konfiguration war (s. unten). Da sich diese in vieler Hinsicht von den zellfreien Inside-out- und Outside-out-Konfigurationen unterscheidet, beschreiben wir hier zunächst die Outside-out-Konfiguration. Zunächst wird in der Cell-attached-Konfiguration die Membran unterhalb der Pipette durchbrochen, sodass das Innere der Pipette direkt mit dem Intrazellulärraum der Zelle verbunden ist. Von dieser Konstellation ausgehend zieht man nun vorsichtig die Pipette zurück (wie immer in axialer Richtung). Dabei schnürt sich ein Stück Membran von der Zelle ab und schließt sich vor der Pipettenmündung zu einer Art Halbvesikel. Die Außenseite dieses Membranstückes ist nun der Badlösung zugewandt (Abb. 5.2).

Wie bei Cell-attached- und Inside-out-Messungen hat man durch den sehr kleinen Membran-Patch und den hohen Seal-Widerstand eine extrem rauscharme Messung, in der man zum Beispiel Ströme durch einzelne Ionenkanäle auflösen kann. In diesen drei Konstellationen nutzt man also die hohe Auflösung der Patch-Clamp-Methode voll aus. Wie bei Inside-out-Messungen werden Ionengradienten und Umkehrpotentiale vom Experimentator durch die Wahl der Lösungen vorgegeben. Jetzt ist aber das Innere der Pipette mit der intrazellulären Membranfläche verbunden, und die Badlösung entspricht dem extrazellulären Raum. Ein negatives Kommandopotential entspricht also tatsächlich einem negativen Potential des (ehemaligen) Zellinneren. Diese Konfiguration eignet sich zum Beispiel sehr gut für die Untersuchung von ligandengesteuerten Ionenkanälen, da man Agonisten oder Modulatoren der Kanäle leicht in definierter Konzentration auf den Outside-out-Patch applizieren kann. Da immer zuerst die Whole-Cell-Konfiguration hergestellt wird, bietet sich die Möglichkeit, Whole-Cell-Messungen und Outside-out-Messungen zu kombinieren. Somit können Zellen vor dem „Ziehen" eines Outside-out-Patch vorab charakterisiert und sogar Experimente durchgeführt werden.

▶ **Tipp** Das Ausreißen des Membranstückes kann schwierig werden, wenn die gepatchte Zelle nicht oder nur schlecht an der Unterlage anhaftet. Bei frisch dissoziierten Zellen kann man etwas abwarten, den Boden der Messkammer mit Poly-D-Lysin beschichten oder – in extremen Fällen – die Zelle mit einer zweiten Pipette ansaugen und fixieren.

In zellfreien Konfigurationen können wichtige intrazelluläre Modulatoren fehlen, sodass die Ionenkanäle ihre funktionellen Eigenschaften verändern oder ein Rundown (s. oben) auftritt. Dies sollte man immer im Kopf haben und entsprechende Hinweise aus der Literatur aufgreifen – eventuell muss man der Pipettenlösung ATP, cAMP oder weitere Moleküle hinzufügen.

Wenn Einzelkanalströme trotz guter Einstellung des Verstärkers nicht senkrecht ansteigen, sondern abgerundet erscheinen, hat man es entweder mit Kanälen unter dem Rand der Pipette zu tun, oder es hat sich anstelle eines zellfreien Patch ein Vesikel gebildet. Letzteres wird beispielsweise durch erhöhte Kalziumkonzentrationen gefördert. In einem solchen Fall sollte man die Lösungen überprüfen und es erneut versuchen. Es kann natürlich auch sein, dass man das Stromsignal ungewollt zu stark filtert (Tiefpass; Abschn. 5.3.2). Starkes Rauschen weist auf eine zu geringe Kompensation der Pipettenkapazität hin (Abschn. 3.2.1).

Zerreißt der Seal bei dem Versuch, einen isolierten Patch zu bilden, kann dies folgende Gründe haben:

- Der Pipettendurchmesser ist zu groß.
- Der Seal hat sich vor dem Abziehen der Membran verschlechtert oder war von Anfang an zu gering.
- Eine der verwendeten Lösungen ist ungeeignet. Mögliche Ursachen: zu große Differenz der Osmolarität innen/außen, falscher pH-Wert, falsche Kalziumkonzentration, zu alte Lösungen, zu geringe Konzentration von Mg^{2+} in der Badlösung.
- Man hat die Pipette nicht langsam genug und nicht nur entlang der Pipettenachse rückwärts bewegt.

- Hohe (physiologische) Badtemperaturen können die Stabilität verschlechtern. Falls für die Fragestellung möglich, lassen sich die Messungen bei Raumtemperatur meist leichter durchführen.

5.2.4 Die Whole-Cell-Konfiguration (Ganzzellableitung)

Die Ganzzellableitung (Abb. 5.2) ist die heute wohl am häufigsten verwendete Methode der Patch-Clamp-Technik. Sie unterscheidet sich in zwei wesentlichen Punkten von den oben besprochenen Konfigurationen:

1) Sie erfasst die gesamte Membran einer Zelle, nicht nur den Bereich unter der Pipettenmündung.
2) Sie weist daher ein wesentlich höheres Rauschen auf als Ableitungen von isolierten Patches.

In Whole-Cell-Messungen erfasst man also alle Beiträge zur Leitfähigkeit der Zellmembran. In der Regel kann man Ströme durch einzelne Ionenkanäle in solchen Ableitungen nicht direkt erkennen, da das Signal-Rausch-Verhältnis nicht ausreicht. Die hohe Zahl an Ionenkanälen hat aber auch Vorteile: Durch die Überlagerung vieler Ereignisse ergibt sich eine Art Mittelung, sodass man wesentliche Eigenschaften der Kanäle ohne aufwendige Auswertung Tausender Einzelkanalereignisse erfassen kann. Außerdem kommt man dem nativen Verhalten von Zellen mit der Whole-Cell-Konfiguration natürlich näher als mit isolierten Patches. In Voltage- und Current-Clamp-Messungen kann man Vorgänge untersuchen, an denen zahlreiche verschiedene Leitfähigkeiten beteiligt sind (z. B. Aktionspotentiale) oder sogar ganze Zellverbände (z. B. synaptische Ströme in neuronalen Netzwerken). Die Whole-Cell-Ableitung entspricht damit in gewisser Weise der herkömmlichen intrazellulären Ableitung mit „scharfen" Mikroelektroden, weist aber auch deutliche Unterschiede auf:

- Es treten nur sehr geringe Leckströme auf, weswegen die Ganzzellableitung auch von sehr kleinen Zellen toleriert wird, die beim Einstechen intrazellulärer Elektroden zerstört würden.
- Das Rauschen ist durch den hohen Abdichtwiderstand und die elektronische Schaltung erheblich geringer als bei der intrazellulären Ableitung. Damit ist die Messung sehr kleiner Ströme möglich, je nach Zelltyp und Messbedingungen bis ca. 10 pA (grober Richtwert).
- Es sind sowohl Voltage- wie auch Current-Clamp-Messungen möglich. Dies gilt im Prinzip zwar auch für konventionelle scharfe Mikroelektroden, hier ist die Einzelelektroden-Voltage-Clamp-Technik aber deutlich komplexer und wird seltener verwendet.
- Nach Sekunden bis Minuten tauscht sich das Zytoplasma mit der Pipettenlösung aus, und man hat damit eine klar definierte (aber künstliche) Zusammensetzung des intrazellulären Milieus.

Um in die Whole-Cell-Konfiguration zu gelangen, stellt man einen Cell-attached-Patch her (Abb. 5.2) und durchbricht dann den Membranbereich unter der Pipette. Es ergibt sich ein Strommuster, wie es Abb. 5.3a zeigt. Wenn dabei der Seal erhalten bleibt, misst man jetzt nicht mehr den Strom durch den kleinen Patch unter der Pipette (den gibt es ja nicht mehr), sondern den Strom, der durch die gesamte verbleibende Membranfläche der Zelle fließt.

Man durchbricht die Membran in der Regel durch Anlegen eines Unterdrucks im Pipetteninneren. Dies kann man entweder mit der am Druckschlauch anhängenden Spritze oder (besser!) durch sanftes oder pulsierendes Saugen am Mundstück des Schlauches machen. Man muss sich an sein jeweiliges Präparat herantasten, wobei wir dringend dazu raten, wirklich sehr sanft und mit möglichst geringen Unterdrücken zu beginnen. Man orientiert sich hauptsächlich am elektrischen Signal, manchmal kann man auch am Videomonitor beobachten, wie sich ein Membranschlauch in die Pipettenöffnung hineinzieht und schließlich öffnet. Sichtbare Bewegungen von Zytosol oder ganzer Zelle weisen meist auf ein zu grobes Vorgehen hin, bei dem der Seal-Widerstand gering und der Serienwiderstand hoch wird. Alternativ kann man, ähnlich wie bei scharfen Mikroelektroden, die Membran durch einen sehr kurzen, starken Strompuls durchbrechen, der in manchen Verstärkern als Zap-Funktion fest eingebaut ist (z. B. 1 V für 25 µs). Nicht alle Patch-Clamp-Verstärker bieten ausreichend kurze Pulse an, gegebenenfalls muss der Puls also durch die Software oder einen externen Pulsgenerator erzeugt werden.

Beim Übergang in die Ganzzellableitung ist die vorgegebene Kommandospannung wichtig: Während der Ausbildung der Cell-attached-Konfiguration wird bereits ein negatives Haltepotential eingestellt, das etwa dem zu erwartenden Ruhemembranpotential der Zelle entspricht (z. B. -60 oder -70 mV). Das erleichtert die Seal-Bildung, ist aber auch jetzt wichtig, da man sonst nach Durchbrechen der Membran die Zelle sofort auf 0 mV „klemmen" würde, was viele Zellen schädigt.

Sobald die Membran durchbrochen ist, ändert sich die Stromantwort auf den Testpuls, denn statt des Patch hängt jetzt die gesamte Zellmembran an der Pipette, die natürlich eine höhere Leitfähigkeit (geringeren Widerstand) und eine größere Fläche (größere Kapazität) hat. Man sieht sofort die großen kapazitiven Ladeströme und je nach Membranwiderstand auch die „resistiven" (auf der Membranleitfähigkeit beruhenden) Ströme, die nach Abklingen der kapazitiven Komponente übrig bleiben (Abb. 5.3a). Anschließend kann man die Ableitung noch optimieren, indem man versucht, den Serienwiderstand zu reduzieren, und je nach Messprotokoll die Kompensationen für Kapazität und den verbleibenden Serienwiderstand aktiviert (Abschn. 3.2).

Die Vorzeichenkonventionen sind wie bei der Outside-out-Konfiguration (die Außenseite der Membran zeigt ja weiterhin nach außen) und werden von den meisten Programmen und Auswerteroutinen auch als *Default* so vorgegeben: Ein negatives Kommandopotential des Verstärkers geht mit einem negativen Membranpotential einher, und positive Ladungen, die aus der Pipette in die Zelle

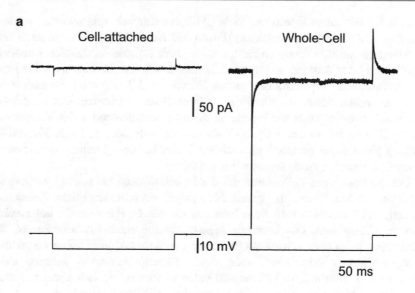

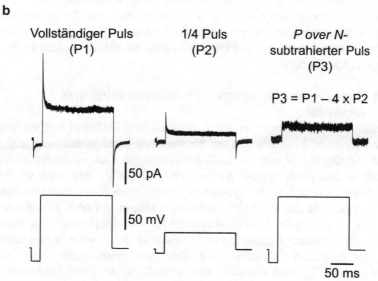

Abb. 5.3 a Stromantworten bei Ausbildung einer Whole-Cell-Ableitung von einer Körnerzelle aus der Area dentata der Maus. **b** Prinzip der *P over N subtraction* zur Eliminierung von kapazitiven Artefakten und Leckleitfähigkeiten. Der nach Subtraktion verbleibende Auswärtsstrom ist ein spannungsabhängiger Kaliumstrom

fließen, sind auch aus Sicht der Zelle Auswärtsströme (also positives Vorzeichen, Darstellung nach oben).

Im Whole-Cell-Modus führt der offene Zugang zwischen Pipette und Zytosol zu einem Stoffaustausch, bei dem sich das innere Milieu der Zelle der Pipettenlösung angleicht. Dies dauert zwischen Sekunden (für kleine, kompakte Zellen und niedermolekulare Ionen) und vielen Minuten (für verzweigte Zellen wie z. B. Neurone und für größere Moleküle) (Pusch und Neher 1988). Es muss auch keine vollständige Äquilibrierung erreicht werden, zum Beispiel in distalen Dendriten-abschnitten oder Axonen von Neuronen. Diese können ihr inneres Milieu trotz der Perfusion mit Pipettenlösung durch Enzyme und Transporter zumindest teil-weise aufrechterhalten, vor allem bei erhöhten Badtemperaturen. Der umgekehrte Austausch von der Zelle zur Pipette ist dagegen unbedeutend – das Volumen der Pipettenlösung ist wesentlich größer als das Zellvolumen, und ihre Zusammen-setzung bleibt daher praktisch unverändert (außer bei der gezielten Aspiration des Zytosols für mRNA Analysen; Abschn. 6.12).

Der Austausch des Zellinneren mit der Pipettenlösung hat sowohl positive wie negative Aspekte: Einerseits verliert das Zytoplasma seine natürliche Zusammen-setzung und damit auch zahlreiche Faktoren, die für die Funktion der untersuchten Kanäle wichtig sind. Das kann die Messergebnisse erheblich beeinflussen, bei-spielsweise beim oben erwähnten Rundown von Kanalaktivität durch verminderte Phosphorylierung oder Modulation durch Signalproteine. In solchen Fällen kann man zur Methode des Perforated-Patch wechseln, um den Verlust mittlerer und kleiner Moleküle zu vermeiden (Abschn. 6.2). Andererseits erlaubt es die Kontrolle des intrazellulären Milieus, die Umkehrpotentiale der interessierenden Ionenarten festzulegen und somit unter sehr definierten Bedingungen zu messen. Auch lassen sich Substanzen wie Farbstoffe über die Pipette einfach in die Zelle einbringen (Abschn 6.3).

5.2.4.1 Komplizierende Faktoren: Serienwiderstand und Kapazität

In Abschn. 3.2 haben wir bereits ausführlich den Serienwiderstand und die Membrankapazität besprochen. Dort wurde auch beschrieben, wie man diese Faktoren bestimmt und wie sie durch entsprechende Kompensationsschaltungen reduziert werden. Nach Herstellen einer Whole-Cell-Ableitung muss im Voltage-Clamp-Modus genau diese Kompensation jetzt erfolgen, wenn man eine optimale Spannungskontrolle und möglichst artefaktfreie Messungen erreichen möchte.

Die Kompensation der Membrankapazität (C_m) erfolgt prinzipiell genauso wie oben für die (kleinere) Pipettenkapazität beschrieben, also durch Strominjektion über einen parallelen Schaltkreis, der nicht zum gemessenen Strom beiträgt. Die Größe von C_m hängt von der Gesamtoberfläche der Zelle (und damit ihrer Größe) ab und ist in der Regel deutlich größer als C_{pip} (Größenordnung einige bis Hunderte Pikofarad). Der Serienwiderstand (R_s) wird ebenfalls durch eine zusätz-liche Strominjektion kompensiert, deren Größe man variabel einstellen kann. Da sich die Zeitkonstante des transienten kapazitiven Stroms aus dem Produkt $C_m \times R_s$ ergibt, stellt man für eine optimale Kompensation beide Größen gleich-zeitig (iterativ) ein, bis man in der Antwort auf den Testpuls den kapazitiven Strom weitestgehend eliminiert hat (Abb. 3.3b). In sehr großen oder komplex geformten Zellen (z. B. Neuronen) geht dies allerdings nicht perfekt, da die ent-fernten Kompartimente separate RC-Glieder mit eigenen elektrischen Parametern darstellen, die mit einer einzigen Kompensationsschaltung nicht zu kompensieren sind (zur Theorie s. Kap. 3). Bei älteren Verstärkern geschieht die Kompensation mittels Potentiometern von Hand, in computergesteuerten Modellen durch automatische Anpassung. Zugleich geben die Steuerprogramme dieser Geräte die berechneten Werte für R_s und C_m als wichtige biophysikalische Kennzahlen aus.

Wenn man (oder die Software) eine optimale Einstellung für die beiden Parameter gefunden hat, kann man schließlich die Stärke der R_s-Kompensation zwischen 0 und 100 % einstellen. Diese Schaltung führt nun tatsächlich zu einer präziseren und schnelleren Kontrolle des Membranpotentials. Allerdings enthält der Regelkreis eine positive Rückkopplung und erhöht dadurch das Rauschen. Bei übermäßig starker Kompensation geht er sogar in eine ungezügelte Oszillation über, bei der man die Zelle in der Regel verliert. Realistisch erreicht man in unkomplizierten Zellen Kompensationen von 60–70 %, bevor das Rauschen zu stark und störend wird.

Während C_m durch die Geometrie der Zelle bestimmt wird und praktisch nicht beeinflusst werden kann, lässt sich R_s durch einige Maßnahmen reduzieren. Skeptiker wenden allerdings ein, dass die meisten dieser Rezepte reines Wunschdenken sind. Wir beschreiben sie trotzdem und appellieren an die Experimentier- und Spielfreude der Wissenschaftlerinnen und Wissenschaftler.

▶   **Tipp**

- Große, niederohmige Pipetten verwenden, falls die Zellen das dulden.
- Auf ausreichend hohe Osmolarität der Pipettenlösung achten (ca. 10 mOsm unterhalb der Extrazellulärlösung ist ein guter Richtwert).
- Ca^{2+} in der Pipettenlösung durch Pufferung niedrig halten (EGTA, BAPTA), um das Resealing (also das erneute Verschließen der Membran unter der Pipette) zu verhindern.
- Nach Etablieren der Whole-Cell-Konfiguration kann man die Pipette ganz vorsichtig etwas in Richtung ihrer Längsachse zurückziehen.
- Wenn sich die Membran nicht sofort ganz geöffnet hat oder zum Resealing neigt, hilft vorsichtiges weiteres bzw. wiederholtes Saugen. Manchmal hilft aber auch vorsichtiges „Pusten" oder sogar ein geringer konstanter Überdruck.

Der Fehler durch den Serienwiderstand hängt davon ab, wie groß er relativ zum Membranwiderstand ist. Man kann die Messung also auch verbessern, indem man den Membranwiderstand erhöht. Dies lässt sich in vielen Messungen durch Verwendung Membran-impermeabler Ionen in der Intrazellulärlösung erzielen, zum Beispiel Ersatz von K^+ durch Cs^+ oder Cl^- (teilweise) durch Gluconat.

Der Serienwiderstand kann während eines Experiments ansteigen. Dies kann unterschiedliche Ursachen haben: Intrazelluläres Zellmaterial kann in die Öffnung gelangen, oder die Zelle kann bei zu niedriger Osmolarität der Pipettenlösung über die Zeit schrumpfen. Manchmal lässt sich R_s durch vorsichtiges axiales Zurück-ziehen der Pipette oder ebenso vorsichtiges Saugen am Druckschlauch wieder senken. In vielen Fällen kann aber auch eine leichte Bewegung (eine mechanische Drift) in der Pipette, verursacht durch den Pipettenhalter oder Manipulator, zu einem Verschließen des Zugangs führen. Das erkennt man auch daran, dass sich der vorherige Serienwiderstand durch Repositionieren der Pipette wieder herstellen lässt. Wenn dies nicht gelingt, sind die Daten über den Zeitverlauf der Ableitung hinweg nicht vergleichbar. In vielen Publikationen wird daher ein Ausschluss-kriterium angegeben, zum Beispiel, dass die Zelle verworfen wurde, wenn R_s im Verlauf der Messung um mehr als 15–20 % angestiegen ist. Solch ein rigoroses Vorgehen tut zwar weh, weil man möglicherweise viele Daten verliert, ist aber not-wendig. Der übrig bleibende Datensatz wird deutlich kohärenter und solider sein. Man kann nach Abschluss einer Messreihe auch anhand der Daten überprüfen, ob es eine Korrelation zwischen bestimmten Parametern (z. B. der Amplitude oder dem Zeitverlauf von Strömen) und R_s gibt. Damit lässt sich empirisch feststellen, inwieweit der Serienwiderstand die Messungen beeinflusst hat und ab welchem Wert von R_s man die Messung lieber verwerfen sollte. Eine feste Obergrenze des R_s in MΩ geben wir bewusst nicht an, da die Werte je nach Präparat, Zelltyp und Fragestellung sehr verschieden sein können. Zuletzt sei erwähnt, dass in vielen Whole-Cell-Messungen aufgrund dieser komplexen Phänomene und des erhöhten Rauschens auf die Kompensation von R_s und C_m verzichtet wird. Hinzu kommt, dass die R_s-Kompensation die regelmäßige Überwachung des Serienwiderstands mithilfe eines Testpulses erschwert. Man muss also die höhere Genauigkeit der Messung mit Kompensation gegen die einfachere Kontrolle der Stabilität ohne Kompensation abwägen und abhängig von der jeweiligen Fragestellung ent-scheiden, wie man vorgeht.

P over N subtraction: Trotz aller Kompensationen bleiben bei Spannungs-sprüngen praktisch immer kapazitive Stromtransienten und Leckströme *(leak currents)* übrig, welche die eigentlich interessierenden Ströme überlagern. Das ist bei der Messung spannungsaktivierter Leitfähigkeiten oft störend, weil die kapazitiven Ladeströme sich mit dem in der Zelle generierten Strom überlagern, den man eigentlich messen will. Leckströme im engeren Sinn des Wortes sind unspezifisch, das heißt, sie reagieren linear auf Spannungsänderungen und haben bei 0 mV den Wert 0. Sie tragen also bei allen von null verschiedenen Potentialen zum gemessenen Strom bei und können bei der Auswertung Fehler erzeugen. Man kann den Leckstrom anhand der Antwort auf den bekannten 10-mV-Testpuls abschätzen und für größere Spannungssprünge entsprechend hochrechnen. Es gibt aber einen Trick, um kapazitive Transienten und Leckströme nachträglich aus den Daten zu entfernen: Man durchläuft das Protokoll der verschiedenen Spannungs-sprünge mehrfach in miniaturisierter Form, das heißt, anstelle der eigentlichen Spannungsänderungen setzt man jeweils nur 1/4 oder 1/8 der Amplituden an (*P over N subtraction*; Abb. 5.3b). Ziel ist es, die störenden Stromtransienten isoliert und verkleinert zu messen, ohne dass die spannungsabhängige Aktivierung der eigentlich interessierenden Kanäle erfolgt. Man kann zur Vermeidung der

Aktivierung von Kanälen das Protokoll sogar umdrehen, also zum Beispiel anstelle depolarisierender Sprünge kleinere hyperpolarisierende Sprünge durchführen. Am Ende hat man jedenfalls ein verkleinertes (ggf. invertiertes) Abbild der störenden Stromkomponenten, das man aus mehreren Durchgängen mittelt, falls notwendig wieder invertiert, vergrößert und von den echten Messwerten abzieht. Dann sind die störenden „Nasen" der kapazitiven Artefakte und die Leckströme fast vollständig unsichtbar. Diese „Manipulation" der Rohdaten muss man natürlich im Methodenteil angeben, sie entspricht aber dem gut begründeten Stand der Technik und ist, im Gegensatz zu jeglichen willkürlichen Verschönerungsaktionen, seriös und sinnvoll. Viele Steuerprogramme zur Aufzeichnung beinhalten diese Funktion und können sie automatisiert durchführen. So kann man auch schon während der Messung ein subtrahiertes Signal erhalten.

5.2.4.2 Spannungsklemme bei großen und verzweigten Zellen: Das Space-Clamp-Problem

In Kap. 3 haben wir schon auf die Schwierigkeit hingewiesen, die Spannung in einer großen und/oder verzweigten Zelle, etwa einem Neuron, überall zu kontrollieren. Ein Neuron kann man sich zum Beispiel als kompliziert verzweigte Schaltung aus lauter kleinen Kompartimenten vorstellen, die jeweils eine Kapazität haben und durch einen seriellen Widerstand von den anderen Abschnitten getrennt sind. Wenn man mit einer einzelnen Pipette am Soma „sitzt", kann man aber nicht für jedes dieser Kompartimente eine gesonderte R_s- und C_m-Kompensation durchführen. Man verliert bei Voltage-Clamp-Messungen also in der Peripherie der Zelle zunehmend die Kontrolle über das dortige lokale Membranpotential (Armstrong und Gilly 1992).

Leider ist die Abschätzung, wie groß das Space-Clamp-Problem jeweils ist, im Einzelfall sehr schwierig. Es gibt keinen allgemein akzeptierten und für jede Fragestellung passenden Test für die Qualität der Spannungskontrolle innerhalb einer Zelle. Als praktische Regel sollte man sich Folgendes merken:

▶ Die Spannungskontrolle ist umso schlechter, je größer und vor allem verzweigter eine Zelle ist. Schnell ansteigende Ströme mit großer Amplitude sind besonders schwer zu kontrollieren.

Wenn man die Wahl hat, misst man also am liebsten Ströme kleiner bis mittlerer Amplitude in kleinen, kompakten Zellen. Wenn nicht (was wohl realistischer ist), sollte man zumindest wissen, welche Probleme auftreten können. Ein klarer Indikator für mangelnde R_s-Kompensation und/oder Space-Clamp-Probleme sind die in Abb. 5.4a gezeigten Escape-Ströme (*escape currents*), die durch die ungewollte Aktivierung spannungsabhängiger Na^+-Kanäle entstehen und auf eine schlechte Spannungskontrolle in der Zelle hinweisen.

▶ **Tipp** Escape-Ströme treten gehäuft in der Nähe von Potentialen auf, bei denen spannungsabhängige Ionenkanäle aktiviert werden (Abb. 5.4). Für Na^+-Ströme ist dies etwa zwischen -60 und -40 mV der Fall. Es kann dann helfen, die Messung bei etwas negativeren Haltepotentialen durchzuführen, zum Beispiel bei -80 mV statt -60 mV.

Hartnäckige Natriumströme lassen sich durch Zugabe des Lidocain-Derivats QX-314 (2–5 mM) in die Pipettenlösung unterdrücken (Isaac und Wheal 1993).

Natürlich kann man auch extrazellulär Substanzen zugeben, die Natriumströme blockieren. In der Regel ist das Tetrodotoxin (TTX), ein Gift, das man zum Beispiel in Kugelfischen findet. Allerdings sind bei extrazellulär applizierten Substanzen in der Regel alle Zellen im Präparat betroffen, während eine intrazelluläre Gabe beispielsweiese das neuronale Netzwerk eines Hirnschnittes völlig intakt lässt.

Manchmal interessiert man sich gar nicht für die gesamte Zelle, sondern nur für Leitfähigkeiten des Somas. In diesen Fällen kann man durch Zurückziehen der Pipette einen Nucleated-Patch herstellen, der praktisch nur noch die somatische Membran und den davon umhüllten Zellkern enthält. Dieses aus Sicht des Space-Clamp-Problems ideale Präparat wird in Abschn. 6.4 näher beschrieben.

5.2.4.3 Current-Clamp-Messungen

In der Whole-Cell-Konfiguration kann man auch Messungen im Current-Clamp-Modus (CC-Modus) durchführen, bei dem man das Membranpotential misst und Ströme injizieren kann (Abschn. 3.1.2). Man beobachtet dabei das elektrische Verhalten der Membran ungefähr so, wie es nativ auftritt: Das Membranpotential verändert sich je nach auftretenden Leitfähigkeiten. Daran sind oft verschiedene Ionenkanäle beteiligt, sodass die Methode nicht für eine detaillierte biophysikalische Analyse einzelner Leitfähigkeiten geeignet ist. Sie wird aber sehr wohl für die Erfassung der eigentlichen Zellphysiologie eingesetzt. Durch Strominjektion kann man außerdem das Verhalten der Zelle bei verschiedenen Potentialen testen und erhält oft ein charakteristisches Profil für den jeweiligen Zelltyp. Typische Anwendungen für CC-Messungen in der Whole-Cell-Konfiguration sind die Messung der synaptischen Eingänge und des daraus resultierenden Verhaltens einzelner Neurone in Netzwerken und die Typisierung von Neuronen aufgrund ihrer intrinsischen Eigenschaften. Außerdem verwendet man CC-Messungen zur Beobachtung und Modulation von Aktionspotentialen in Nerven-, Muskel- oder Sinneszellen (einschließlich glatter und Herzmuskulatur) oder für die Charakterisierung von spontan aktiven Zellen (z. B. Schrittmacher im Sinusknoten).

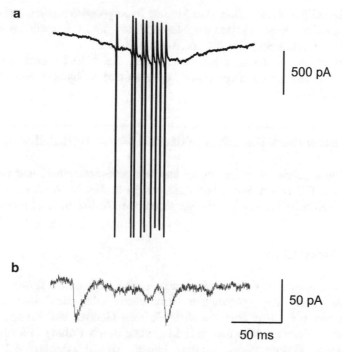

Abb. 5.4 Voltage-Clamp-Artefakte. **a** Escape-Ströme bei einer Ableitung von retinalen Ganglienzellen. Die scharf einfallenden Einwärtsströme werden durch spannungsabhängige Natriumkanäle ausgelöst, die bei der formal anliegenden Spannungsklemme gar nicht aktiviert werden dürften. **b** Ableitung von demselben Zelltyp mit vermindertem Serienwiderstand – hier lassen sich exzitatorische postsynaptische Ströme ohne die Artefakte messen. Zu beachten ist die zehnfach kleinere Kalibrierung der Stromamplitude. (Originaldaten von Isabella Boccuni, Heidelberg)

Im CC-Modus misst man oft zunächst das Ruhepotential der Zelle (ohne Strominjektion). Dieser Wert mag zwar für bestimmte Zelltypen charakteristisch sein, ist aber nur bedingt aussagekräftig. Erstens ist das Ruhepotential beim Übergang in die Whole-Cell-Konfiguration anfangs oft etwas depolarisiert und muss durch Injektion von negativem Strom bei zellschonenden Werten von −60 bis −80 mV stabilisiert werden. Zweitens fließt von der ersten Sekunde der Whole-Cell-Messung an Pipettenlösung in die Zelle, sodass das Membranpotential zunehmend von den künstlichen Ionenverhältnissen bestimmt wird und nicht mehr dem nativen Wert entspricht. Eine kurze stromfreie Messung des Ruhemembranpotentials ist trotzdem oft sinnvoll und sei es nur, um geschädigte (dauerhaft durch Leckströme depolarisierte) Zellen zu erkennen und direkt zu verwerfen.

Anschließend wird man in CC-Experimenten oft die sogenannten intrinsischen Membraneigenschaften der Zelle dokumentieren, indem man rechteckförmige hyper- und depolarisierende Strompulse gibt. Dies ist besonders bei erregbaren Zellen interessant, deren Aktionspotentiale in Form und Frequenz charakteristisch für den jeweiligen Zelltyp sind. Aus kleinen hyperpolarisierenden Sprüngen kann man die passiven Eigenschaften der Membran (R_m und C_m sowie die sogenannte Zeitkonstante) ermitteln (Abb. 3.4 und Abschn. 3.2.2.2).

Abschließend sei darauf hingewiesen, dass die dSEVC-Verstärker (Abschn. 3.1.3) nach einem ganz anderen Prinzip arbeiten und weitgehend von Messfehlern durch R_s frei sind.

5.3   Brummen, Rauschen, Filterung und Digitalisierung

Zum Schluss gehen wir noch einmal auf mögliche Störsignale und auf die Einstellung von Filtern ein. Wir haben dazu bereits in Abschn. 4.3.2 einiges erörtert, hier beschreiben wir das praktische Vorgehen beim Auftreten von Störungen.

5.3.1   Störsignale

Netzbrummen entsteht durch elektromagnetische Induktion aufgrund der 50-Hz-Wechselspannung des öffentlichen Stromnetzes, das sich über Steckdosen, Lampen und vor allem über die Netzteile von Geräten auf Komponenten des Messplatzes überträgt. Wie man den Messplatz durch Erdung und Abschirmung vor solchen Einstreuungen schützt, haben wir in Abschn. 4.2 detailliert besprochen. Hier folgt eine Checkliste für den Fall, dass trotz Beachtung aller Regeln lästiges Brummen auftritt.

▶ **Tipp**

- Die Geräte eines Messplatzes sollten an einer eigenen, separaten Steckerleiste und am besten an einem separaten Stromkreis hängen.
- Bei der Auswahl von Geräten sollte man, wo immer möglich, mit Gleichspannung betriebene Modelle bevorzugen; dies gilt besonders für Stimulationsgeräte, deren Kabel in die Nähe der Pipette kommen.
- Sternförmig über einen Sammelpunkt erden. Schleifen/Aufrollen von Kabeln vermeiden!
- Erdelektrode auf gute Leitfähigkeit überprüfen.
- Feuchtigkeit und Salzreste im Elektrodenhalter oder rings um das Bad vermeiden bzw. beseitigen.
- Wenn das Brummen immer noch anhält, alle Erdungen entfernen und unter Kontrolle des Brummens bei offener Pipette im Bad neu anbringen. Im Zweifel eine Abschirmung durch Faraday-Käfig oder leitende, geerdete Folien anbringen.

- Schläuche für die Badperfusion prüfen und eventuell verschiedene Materialien ausprobieren. Pumpgeräte möglichst entfernt oder gut abgeschirmt aufstellen.
- Schließlich kann man die 50-Hz-Einstreuung selektiv mit einem Filter aus dem gemessenen Signal entfernen, bevor man es aufzeichnet. Solche Maßnahmen sollten aber immer am Ende stehen, nachdem alle beherrschbaren Störquellen bereits optimiert wurden (s. unten).

Hochfrequentes Rauschen: Hierzu haben wir in Abschn. 4.2 ebenfalls schon einiges gesagt. Viele biologische und maschinelle Quellen tragen zum Rauschen bei, und nicht alle lassen sich beseitigen. Auch hier gibt es aber einige praktische Tipps, was man zur Optimierung des Signal-Rausch-Abstands tun kann:

▶   **Tipp** Kapazität vermindern:

- Flache Badlösung und geringe Eintauchtiefe der Elektrode.
- Sauberer, trockener Pipettenhalter (kein Eigenbau, denn viele Kunststoffe sind extrem „rauschanfällig").
- Geringe Füllungshöhe der Pipette.
- Möglichst dickwandiges Pipettenglas verwenden.
- Bei hochauflösenden Messungen Verdickung der Pipettenwand durch Sylgard oder Wachs.
- Möglichst hoher Seal-Widerstand.
- Möglichst große, niederohmige Pipetten, vorn eher steil als flach auf die Spitze zulaufende Form (Konzentration des Widerstands auf die Pipettenöffnung).
- Serienwiderstandskompensation nicht zu hoch aufdrehen!

5.3.2   Filterung

Die Filterung der Signale erfolgt erst nach der eigentlichen Messung (Abb. 5.5). Man kann das gemessene Signal noch vor der Digitalisierung analog filtern, kann dies allerdings nicht mehr rückgängig machen. Wir empfehlen bei besonders sensiblen Messungen, die Rohdaten zusätzlich zu den gefilterten Daten aufzuzeichnen. Bei der Analyse lassen sich die Rohdaten immer noch digital filtern, wobei man die Grenzfrequenzen beliebig einstellen kann.

Relevante Filter bei Patch-Clamp-Experimenten sind der Tiefpass (Ausschluss des hochfrequenten Rauschens, nur tiefere Frequenzanteile gehen durch), der Hochpass (Ausschluss langsamer Drift, nur schnelle Veränderungen gehen durch) und die Bandsperre (Eliminierung bestimmter Frequenzen, insbesondere des 50-Hz-Brummens). Bei allen drei Filtern gilt es einiges zu beachten.

Tiefpassfilter: Der Name sagt schon, was dieser Filter macht: Er lässt tieffrequente Signalteile passieren und filtert die hochfrequenten heraus. Damit lässt sich das Rauschen des Stromsignals effektiv vermindern. Man kann und sollte dies

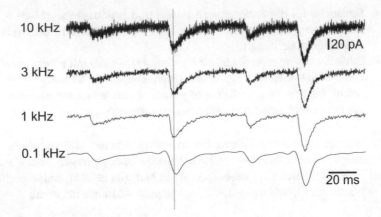

Abb. 5.5 Verschiedene Filterfrequenzen und ihre Auswirkung auf die Signale. Eine zu starke Filterung (hier 0,1 kHz) verfälscht deutlich den Verlauf der synaptischen Ströme

am eigenen Präparat durch Aufzeichnung bei verschiedenen Filtereinstellungen ausprobieren. Während die Reduktion hochfrequenten Rauschens oft erwünscht ist, gibt es nämlich auch Gefahren. Schnelle Signale, zum Beispiel die Aktivierung eines spannungsabhängigen Natriumstroms oder die Öffnung einzelner Ionenkanäle, entsprechen hohen Frequenzen (dies erkennt man, wenn man das gemessene Signal mittels Fourier-Analyse in seine Frequenzkomponenten zerlegt). Schneidet man die hochfrequenten Komponenten nun durch den Tiefpass ab, wird man selektiv diese Signalanteile verlieren, und die Flanken der entsprechenden Ströme oder Potentiale werden künstlich verlangsamt. Auch die „Spitze" des Signals, also die Stromamplitude, wird dadurch vermindert. Hinzu kommt, dass Filter zu unterschiedlichen Phasenverschiebungen für die einzelnen Frequenzen führen und Signale oder zeitliche Zusammenhänge dadurch verfälscht werden können. Für die eigene Anwendung sollte man definitiv Vorversuche mit und ohne Filterung sowie bei verschiedenen Filtereinstellungen machen. Erst wenn man diese Daten (besonders die Kinetik) gründlich ausgewertet hat, sollte man sich für eine Filterstufe entscheiden. Empfehlenswert ist auch, die Methodenteile von Fachartikeln mit ähnlichen Fragestellungen genau zu studieren. Wichtig ist, dass die Digitalisierungsrate der Daten der Filterung angepasst wird (Nyquist-Kriterium; s. unten).

Hochpassfilter: Neben dem Tiefpass wird manchmal zusätzlich ein Hochpass eingesetzt, der tiefe Frequenzen abschneidet und hohe durchlässt (auch hier ist der Name Programm). Die Grenzfrequenz kann zum Beispiel bei 1 Hz liegen (entsprechend 1 s Schwingungsdauer), sodass eine langsame Drift des Signals eliminiert wird. Bildhaft kann man sagen, dass der mittlere Strom damit immer auf der Nulllinie gehalten wird. Durch diese manchmal als AC für *alternating current* (Wechselstrom) bezeichnete Filterung verhindert man, dass die Grundlinie (*baseline*) des Signals bei hohen Verstärkungsfaktoren aus dem Messbereich verschwindet.

▶ **Vorsicht:** Auch dies ist ein invasives Verfahren, das Signale verfälschen kann. So können zum Beispiel langsame, länger anhaltende Signalkomponenten in scheinbar transient abklingende Signale verwandelt werden. Auch hier gilt also, dass man gründlich nach Unterschieden zwischen Messungen mit und ohne Filter fahnden soll.

Bandsperre: Diese Variante tritt meist als selektiver Filter gegen das Netzbrummen (in Europa meist bei 50 Hz) auf, das selektiv aus dem gemessenen Signal eliminiert werden soll. Geräte, die diese Störung selektiv herausschneiden sind als Hum Bug im Handel. Das technische Prinzip unterscheidet sich aber von einem echten Filter: Das Netzbrummen wird getrennt erfasst und vom Originalsignal subtrahiert. Dadurch sollte keine Verfälschung der eigentlichen Messung entstehen, sogar dann nicht, wenn diese einen echten Signalanteil im Bereich um 50 Hz enthält. Auch wenn es etwas nach erhobenem Zeigefinger klingt, wiederholen wir auch hier unseren Hinweis, sich anhand echter Daten von der Harmlosigkeit dieser Intervention zu überzeugen. Mit einer engagierten Suche und Erdung der Brummquellen kann man oft auf solche Hilfsmittel verzichten.

▶ **Tipp** Bei manchen Fragestellungen kann man gleichartige Signale wiederholt messen und mitteln (z. B. postsynaptische Ströme, spannungsaktivierte Leitfähigkeiten). Dies reduziert ohne aktive Filterung drastisch das hochfrequente, unspezifische Rauschen sowie störende Reste von Netzbrummen.

Man sollte das Signal grundsätzlich bei möglichst großer Verstärkung messen und erst danach digitalisieren. So geht am wenigsten von der hohen Auflösung der Patch-Clamp-Technik verloren.

Da moderne A/D-Wandler und Computer sehr große Datenmengen verarbeiten und speichern können, lohnt es sich oft, Signale doppelt aufzuzeichnen – einmal mit und einmal ohne Filter. Damit kann man den oben empfohlenen Vergleich jederzeit wiederholen und im Zweifel auf das Originalsignal zurückgreifen, das man dann digital mit anderen Grenzfrequenzen filtern kann.

5.3.3 Digitalisierung

Mit der Filterung hängt eine weitere frühe Stufe der Datenverarbeitung zusammen, nämlich die Umwandlung in Zahlenwerte (Digitalisierung). Nur diese können vom Rechner bearbeitet werden, also zum Beispiel grafisch dargestellt, zur Optimierung von Kompensationsparametern verwendet oder mittels Analysesoftware ausgewertet werden. Die Messung der Ströme oder Spannungen erfolgt zunächst analog, und man nennt die Geräte für die Diskretisierung entsprechend Analog-Digital-Wandler oder -Converter (ADC). Umgekehrt gibt es natürlich auch Digital-Analog-Wandler (DAC), die im Computer generierte Zahlenwerte in Spannungen umwandeln, beispielsweise zur Steuerung einer elektrischen Stimulationseinheit.

Manche Verstärker verfügen selbst über ADCs (und DACs), oder die Hersteller bieten diese als zusätzliche Komponente gemeinsam mit der Steuereinheit an. Im Extremfall der modernen digitalen Patch-Clamp-Verstärker erfolgt die Digitalisierung bereits im Vorverstärker, also unmittelbar nach Entstehen des Messsignals. In anderen Fällen geht man vom analogen Ausgang des Verstärkers mit Kabeln in den Eingang eines separaten ADC, an den man auch andere Ein- und Ausgänge koppeln kann (z. B. parallel zum Patch-Clamp-Experiment gemessene Feldpotentiale oder Ausgänge zur Steuerung der Badperfusion).

Zwei Parameter bestimmen die Digitalisierung: Zeit- und Amplitudenauflösung. Die Zeitauflösung oder Digitalisierungsfrequenz (Abtastrate) muss den gemessenen Signalen entsprechen. Wenn man mit schnellen zellphysiologischen Prozessen wie Aktionspotentialen zu tun hat, muss man auch entsprechend häufig Messwerte erheben, um ihren Zeitverlauf abzubilden (ein Aktionspotential von 1–2 ms Dauer wird man mit einer Digitalisierungsfrequenz von 100 Hz, also einem Zahlenwert pro 10 ms, nicht erfassen können). Formal ist die untere Grenze der Digitalisierung durch das Nyquist-Kriterium vorgegeben: Man muss mehr als doppelt so schnell digitalisieren, wie es der schnellsten Signalkomponente entspricht. Bei einem Aktionspotential von 1 ms Dauer könnte man die Untergrenze zum Beispiel mit 2 kHz (also 0,5 ms pro Messwert) ansetzen, wobei man damit keinerlei Details über den Aktionspotential-Verlauf herausfinden würde, sondern nur die Information bekäme, dass innerhalb von drei Messwerten irgendeine Spannungsschwankung aufgetreten ist. Für jede seriöse elektrophysiologische Messung wäre dies natürlich viel zu gering.

Realistischer orientiert man sich an den Frequenzen, die in den Signalverläufen enthalten sind. Nach dem (erweiterten) Fourier-Theorem lässt sich jeder Signalverlauf als Summe von Sinusschwingungen unterschiedlicher Frequenz und Phase darstellen. Dabei würde zum Beispiel der steile Aufstrich des Aktionspotentials durch sehr hochfrequente Sinuskurven repräsentiert, sodass es als deutlich schneller anzusehen ist als die 1 ms Gesamtdauer. Wie schnell man digitalisieren soll, ist oft gar nicht einfach abzuschätzen. Eine Hilfe bietet der Tiefpassfilter: Wenn man bei 3 kHz filtert, sollten wesentlich höhere Frequenzanteile nicht oder kaum im Signal enthalten sein. Dann wäre nach Nyquist die Untergrenze der Digitalisierung 6 kHz (vorausgesetzt, man hat sich davon überzeugt, dass man sich die Filterung bei 3 kHz wirklich leisten kann, also das interessierende Signal nicht verfälscht wird). Realistisch geht man heute deutlich über dieses Kriterium hinaus und würde in unserem Beispiel mit schnellen Aktionspotentialen bei 50–100 kHz digitalisieren. Moderne ADC sind leistungsstark, und Datenmengen lassen sich in fast beliebiger Menge speichern – man muss hier also nicht sparen.

Bezüglich der Amplitude muss man ebenfalls aufpassen. Moderne ADC arbeiten mit einer Amplitudenauflösung von 16 bit, also digitalen Zahlen mit 16 Stellen. Das entspricht 2^{16} oder 65.536 verschiedenen Werten, die sich auf die möglichen Eingangsspannungen des ADC verteilen. Bei einem Eingangsbereich von ± 10 V (bzw. ± 10.000 mV) würde jede Digitalisierungsstufe also 20.000/65.536 mV entsprechen, das sind 305 μV. Bei dem ebenfalls üblichen Eingangsbereich von ± 5 V wären es 153 μV. Feine Differenzen, beispielsweise 100 μV, kann das digitale System damit nicht erfassen! Man sollte also seine analogen Signale so verstärken, dass der digital erfassbare Bereich gut ausgeschöpft wird. Sonst erhält man grobe Werte und stufenförmige Strom- oder Spannungsspuren, in denen die Feinheiten des Amplitudenverlaufs untergehen und auch später nicht zu rekonstruieren sind. Zugleich sollte man einen kleinen Puffer lassen, damit unerwartet große Ströme nicht über die ± 5 oder 10 V hinaus verstärkt werden – bei einer Sättigung des ADC werden alle darüber hinaus gehenden Werte zu einer glatten Linie. Dies ist besonders bei Whole-Cell-Messungen mit großen Amplitudenschwankungen eine Gefahr, weshalb man hier oft mit einer moderaten Verstärkung von 1 mV/pA arbeitet. Moderne Verstärker bieten eingebaute variable Verstärkungen des Stromsignals von ca. 0,5 mV/pA bis zu 500, manchmal sogar 1000–2000 mV/pA an. Die Spannung wird bei einfachen Geräten meist zehnfach verstärkt ausgegeben, aber auch hier bieten viele Verstärker Verstärkungen bis 1000-fach.

Beispiel

Wir messen kleine Ströme durch einzelne Kanäle im Bereich von 1 pA. Bei einer Verstärkung von 1 mV/pA würden auf die Amplitude der Ströme gerade einmal sechs bis sieben verschiedene digitale Zahlenwerte entfallen – die Messdaten würden vertikal „verpixelt" wirken, und sehr präzise Aussagen über Amplitude und Rauschen wären nicht möglich. Von den ± 5 V, die der ADC aufnehmen kann, hätten wir nur 1/10.000 ausgeschöpft! Wenn wir die Ströme aber mit 100 mV/pA in den ADC einlesen, entspricht die Amplitude des Stroms durch einen Ionenkanal 600 bis 700 Messwerten, was eine ordentliche Auflösung erlaubt. Noch besser wäre eine Verstärkung von z. B. 500 mV/pA. ◀

Literatur

Armstrong CM, Gilly WF (1992) Access resistance and space clamp problems associated with whole-cell patch clamping. Methods Enzymol 207:100–122

Isaac JT, Wheal HV (1993) The local anaesthetic qx-314 enables enhanced whole-cell recordings of excitatory synaptic currents in rat hippocampal slices in vitro. Neurosci Lett 150:227–230

Neher E (1992) Correction for liquid junction potentials in patch clamp experiments. Methods Enzymol 207:123–131

Neher E (1995) Voltage offsets in patch-clamp experiments. In: Sakmann B, Neher E (Hrsg) Single-channel recording. Springer, US, Boston, MA, S 147–153

Perkins KL (2006) Cell-attached voltage-clamp and current-clamp recording and stimulation techniques in brain slices. J Neurosci Methods 154:1–18

Pusch M, Neher E (1988) Rates of diffusional exchange between small cells and a measuring patch pipette. Pflugers Arch 411:204–211

Spezielle Anwendungen

6

Das grundlegende Messprinzip der Patch-Clamp-Technik ist schon bald nach den ersten Veröffentlichungen in vielfältiger Weise angepasst und erweitert worden. Manche dieser Variationen haben völlig neue Parameter erschlossen (z. B. die Kapazität der Membran), andere haben komplexere Präparationen zugänglich gemacht (anfangs z. B. Hirnschnitte, inzwischen auch In-vivo-Messungen) oder die Technik für große Messreihen optimiert (Patch-Automaten). In diesem Kapitel werden wir die wichtigsten Abwandlungen der Patch-Clamp-Technik vorstellen. Ziel ist es, jeweils einen kurzen Überblick über ihren Sinn und Zweck sowie die technischen Prinzipien zu bieten – für Details verweisen wir auf die jeweilige Spezialliteratur.

6.1 Loose-Patch

Bei der Loose-Patch-Technik wird die Pipette so nahe an die Membran gebracht, dass der Widerstand deutlich ansteigt (Marrero und Lemos 2007). Es wird aber kein echter *Seal* im $G\Omega$-Bereich gebildet, wie er bei der Cell-attached-Konfiguration vorliegt. Nur beim Gigaseal kann der Abdichtwiderstand zwischen Pipette und Membran als unendlich hoch betrachtet werden, sodass alle Ströme durch die Zellmembran fließen müssen und Leckströme zwischen Pipette und Membran vernachlässigt werden können. Beim Loose-Patch hingegen lässt sich diese Näherung nicht machen, sondern man muss einen echten Spannungsteiler zwischen Pipetten- und Membranwiderstand einerseits und Abdichtwiderstand andererseits betrachten (Abb. 6.1a). Tatsächlich kann es sein, dass deutlich mehr Strom durch das Leck in Richtung Badelektrode fließt als durch den Membranfleck, dessen Spannung man im Voltage-Clamp-Modus eigentlich kontrollieren möchte. Letztlich entsteht dadurch ein Fehler, wie wir ihn schon vom Serienwiderstand her kennen (Abschn. 5.2.4). Der Fehler lässt sich auch beim Loose-Patch-Verfahren durch die R_s-Kompensation weitgehend reduzieren, sodass sich

F. C. Roth et al., *Patch-Clamp-Technik,* https://doi.org/10.1007/978-3-662-66053-9_6

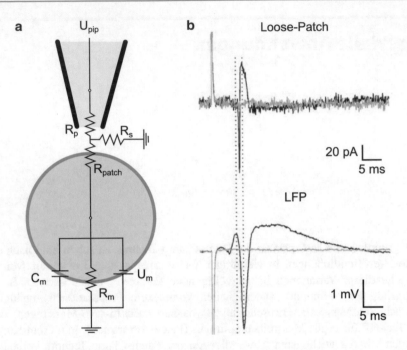

Abb. 6.1 Loose-Patch-Clamp. **a** Prinzip der Loose-Patch-Ableitung. Zwischen Pipettenöffnung und Bad besteht eine signifikante Leitfähigkeit, hier als Widerstand R_s bezeichnet. **b** Ableitung von einer Pyramidenzelle aus einem kultivierten Hirnschnitt der Maus. Nach Stimulation afferenter Axone entstehen „Aktionsströme" in der Loose-Patch-Ableitung (oben), während sich in einer parallelen Feldpotentialableitung (LFP) ein Summenaktionspotential *(population spike)* bildet. (**a** Adaptiert nach Anson und Roberts 2002. **b** Aus Daniel et al. 2013)

Membranleitfähigkeiten im Voltage-Clamp-Modus einigermaßen solide bestimmen lassen, ohne eine feste und letztlich irreversible Verbindung zwischen Pipette und Membran herzustellen. Die Technik ist allerdings zur präzisen biophysikalischen Charakterisierung spannungsabhängiger Leitfähigkeiten deutlich weniger geeignet als der konventionelle Zugang per Gigaseal.

Was ist nun der Vorteil dieser eigentlich ungenauen Methode? In manchen Präparaten ist es schwierig, einen echten *Seal* zu formen, weil die extrazelluläre Matrix zu dicht oder fest ist, um einen guten Kontakt zwischen Pipette und Membran zu ermöglichen (oft sogar als echte „Basalmembran" ausgebildet). Um klassische Patch-Clamp-Experimente durchzuführen, muss man diese Substanzen enzymatisch verdauen oder aktiv wegspülen, was aber in empfindlichen Geweben Zellen beschädigen kann. Mit der *Loose*-Patch-Methode hat man eine weniger invasive Alternative. Außerdem lässt sie sich an beweglichen Zellen anwenden, also insbesondere an Muskelzellen, deren Oberfläche man so regelrecht auf ihre Stromkomponenten „abtasten" kann, ohne sie durch unphysiologische Bedingungen ruhig stellen zu müssen. Dabei ist es besonders hilfreich, dass man die Pipette, anders als in klassischen Patch-Clamp-Experimenten, immer wieder verlagern und mehrfach benutzen kann.

Technisch ist die Loose-Patch-Technik zunächst einfacher durchführbar als ein vollständiges Patch-Clamp-Experiment. Man nähert sich mit offener Pipette mit oder ohne visuelle Kontrolle der Zelle an, bis die Stromantwort auf den üblichen Testpuls kleiner wird, der Widerstand also ansteigt. Je nach Präparat wird man durch Übung herausfinden, welche (möglichst großen) Widerstände realistisch erreichbar sind, ohne die Zelle zu schädigen. Jetzt kompensiert man den „Serienwiderstand" (der tatsächlich nun der Summe aus Serien- und *Seal*-Widerstand entspricht) und misst in dieser Konstellation die Membranströme in der Voltage-Clamp-Konfiguration. Diese Technik ist übrigens nahe verwandt mit der juxtazellulären Ableitung *(juxtacellular recording),* die mit verschiedensten Typen von Pipetten in Current- oder Voltage-Clamp-Messungen verwendet wird, um nicht-invasiv Aktionspotentiale einzelner Nervenzellen aufzuzeichnen (Pinault 1996). Tatsächlich sind Approximationen von Glaspipetten an Zellen sehr alt, sodass die Loose-Patch-Technik in gewisser Weise als Vorläufer der modernen Patch-Clamp-Technik gelten kann (Kap. 1).

Man kann Loose-Patch-Messungen mit sehr verschiedenen Pipettengrößen durchführen. Mit üblichen Patch-Pipetten von wenigen Mikrometern Durchmesser und Widerständen im MΩ-Bereich leitet man von subzellulären Membranregionen einzelner Zellen ab. Man kann jedoch auch bewusst große Pipetten ziehen, mit denen man größere Strukturen untersucht, zum Beispiel Axonbündel in einem peripheren Nerven oder einer zentralen Leitungsbahn. So erhält man ein gemitteltes Bild vom Verhalten der Zellen, ähnlich dem Prinzip von Feldpotentialmessungen, bei denen man allerdings nicht versucht, die Spannung zu kontrollieren (Abschn. 2.2.2).

6.2 Perforated-Patch

Bei der Whole-Cell-Ableitung wird das zellinnere Milieu nach und nach von der Pipettenlösung bestimmt, die Zelle wird „dialysiert". Wie schon mehrfach gesagt, erzeugt dies eine gut definierte, aber auch künstliche Situation: Die Konzentrationen und Gleichgewichtspotentiale aller Ionen sind bekannt, und man kontrolliert pH-Wert, Kalziumpufferung und Osmolarität. Für präzise biophysikalische Messungen ist diese Situation also eigentlich ideal. Hier sei nochmals darauf hingewiesen, dass große, stark verzweigte Zellen, wie typischerweise Neurone, in distalen Kompartimenten wie Dendriten und Axonen erst sehr langsam und oft unvollständig die Zusammensetzung der Pipettenlösung annehmen, sodass komplizierte Situationen mit unterschiedlichen Ionenverhältnissen entlang der Zelle entstehen können.

Die Vorgabe der intrazellulären Verhältnisse erzeugt aber auch Probleme: Das natürliche Ionenmilieu ist zerstört, sodass das native Verhalten der Zelle nicht mehr untersucht werden kann. Außerdem werden zahlreiche niedermolekulare Substanzen aus dem Zellinneren entfernt, zum Beispiel der Energieträger ATP, aber auch Reduktionsmittel wie NADPH oder Glutathion. Viele Enzyme werden inaktiviert oder gehen nach und nach verloren – kurz: Im Extremfall hat man es im Wesentlichen mit einer Art Membransack zu tun, der die meisten zellbiologischen Regulationsfunktionen verloren hat. Dies betrifft auch Membranprozesse wie die Funktion primär oder sekundär aktiver Pumpen bzw. Transporter und den Phosphorylierungszustand von Ionenkanälen. Auch der natürliche Schutz vor Abbauprozessen entfällt, sodass freie Radikale oder noch vorhandene proteolytische Enzyme die Zelle schädigen können.

Praktisch wirken sich diese Prozesse folgendermaßen aus:

- Manche Leitfähigkeiten zeigen einen zeitabhängigen Rundown, das heißt, die Kanalfunktion verringert sich nach und nach (typischerweise über wenige bis einige Minuten). Dies ist besonders ausgeprägt bei spannungsabhängigen Kalziumkanälen, aber auch beispielsweise bei manchen Transmitterrezeptoren.
- Andere Kanäle verändern ihre Kinetik, sodass auch die genaueste biophysikalische Charakterisierung nicht mehr das native Verhalten widerspiegelt.
- Die intrazelluläre Kalziumkonzentration und -dynamik sind verändert, sodass alle kalziumabhängigen Prozesse nicht mehr dem natürlichen Zustand entsprechen.
- Praktisch alle Second-Messenger-Kaskaden (z. B. nach Aktivierung von G-Protein-gekoppelten Rezeptoren) sind unterbrochen.
- Komplexe zellphysiologische Prozesse wie die Exozytose sind unterbrochen oder stark verändert.

Um dies alles zu verhindern, wurden zahlreiche Rezepte für intrazelluläre Lösungen entwickelt (Beispiele in Abschn. 4.4.5). Sie ändern aber nichts daran, dass die Situation künstlich ist. Mit der Perforated-Patch-Methode haben Horn und Marty (1988) eine andere, prinzipielle Lösung des Problems eingeführt: Der Zugang zur Zelle wird nicht durch makroskopisches Durchbrechen der Membran geschaffen, sondern durch kleine, selektiv permeable Poren. Solche porenbildende Proteine werden zum Beispiel von manchen Bakterien produziert. Fügt man sie der Pipettenlösung hinzu, so wandern sie nach und nach in das Membranstück unterhalb der Pipette, sodass man von der Cell-attached- langsam in die Whole-Cell-Konfiguration übergeht (Abb. 6.2). Dies kann viele Minuten dauern, sodass der Serienwiderstand über längere Zeit kontinuierlich sinkt, bis ein ausreichender elektrischer Zugang zum Zellinneren entstanden ist. Zeitfenster von 30 min oder mehr bis zum Erreichen akzeptabler Werte von R_s sind durchaus realistisch, weshalb die Methode sehr stabile Präparate erfordert. Im Idealfall erreicht man schließlich Serienwiderstände bis unter 10 MΩ, was einer guten klassischen Whole-Cell-Messung gleichkommt. Wenn die porenbildenden Substanzen bereits gleich zu Beginn an der Pipettenspitze vorliegen, können sie zu geringe Seal-Widerstände verursachen, da sie ja sofort anfangen, Löcher in die Membran einzubauen. Um dies zu vermeiden, wird in der Regel die Pipettenspitze zunächst mit einer geringen Menge an konventioneller Lösung gefüllt (Tipfilling; Abschn. 4.4.3)

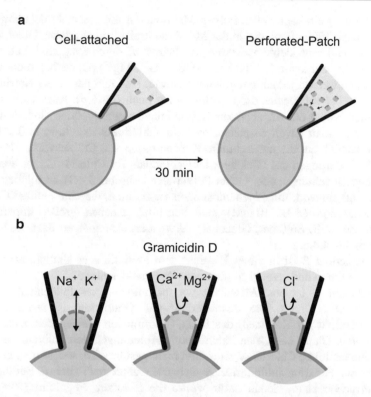

Abb. 6.2 Perforated-Patch. **a** Porenbildner wandern aus der Pipette an die Membran und fügen sich nach und nach ein. **b** Illustration der Durchlässigkeit von verschiedenen Ionen für Gramicidin D

und dann von hinten *(Backfilling)* mit Lösung nachgefüllt, die die Porenbildner enthält.

▶ Die lipophilen Porenbildner sind in Wasser schlecht lösbar. Meist setzt man daher Stammlösungen in Lösungsmitteln wie Methanol oder Dimethylsulfoxid (DMSO) an, wobei von den Herstellern unterschiedliche Konzentrationen empfohlen werden. Man sollte hier möglichst hoch gehen, damit man der eigentlichen Pipettenlösung möglichst wenig Volumenanteile des toxischen Lösungsmittels zugeben muss. Die Lösungen gelten als instabil und sollten jeweils kurz vor Verwendung angesetzt werden.

Die Perforated-Patch-Technik lässt sich auch mit Patch-Automaten (Abschn. 6.10) durchführen. Es werden verschiedene porenbildende Substanzen verwendet, die wir hier kurz auflisten:

- Nystatin ist ein bakterielles Polyen-Makrolacton mit einem Molekulargewicht von knapp 1000 g/mol, das in der Membran kreisförmige Löcher bildet, die für Wasser und sehr kleine Moleküle wie Harnstoff durchlässig sind. Die Kanäle sind nicht oder kaum für divalente Ionen (Ca^{2+}, Mg^{2+}) permeabel, monovalente Kationen werden jedoch gut geleitet (relevant sind hier besonders Natrium und Kalium, bei entsprechender Pipettenlösung auch Cäsium). Auch Chlorid wird geleitet, wobei die Angaben zur Leitfähigkeit unterschiedlich sind. Auf jeden Fall muss man davon ausgehen, dass die Chloridkonzentration in der Pipette sich deutlich auf die intrazelluläre Konzentration von Cl^- auswirkt. Dies kann zu Veränderungen des Gleichgewichtspotentials für Chlorid führen, aber auch zu Zellschwellungen oder Offset-Potentialen (Abschn. 3.2.3). In solchen Fällen ist es oft sinnvoll, mit Pipettenlösungen zu arbeiten, die eine geringe Chlorid-konzentration (z. B. 10 mM) enthalten und daneben große, impermeable Anionen (z. B. Sulfonat, Gluconat) verwenden. Anregungen dazu finden sich in Abschn. 4.4.5.
- Amphotericin B ist in vieler Hinsicht dem Nystatin sehr ähnlich, macht aber größere Poren und erzeugt so geringere Serienwiderstände.
- Gramicidin D ist eine Mischung von homologen, kanalbildenden Peptiden aus *Bacillus brevis*. Die Besonderheit von Gramicidin ist seine selektive Permeabilität für Kationen, das heißt, Chloridionen können den Kanal nicht passieren. Damit kann man Patch-Clamp-Ableitungen durchführen, bei denen die intrazelluläre Chloridkonzentration nicht gestört wird, sodass man zum Beispiel die Funktion inhibitorischer Synapsen unter realistischen Bedingungen untersuchen kann. Genau dafür wurde die Substanz eingeführt (Rhee et al. 1994). Sie ist ebenfalls nicht gut wasserlöslich (DMSO-Stammlösung), erfordert aber wegen der langsamen Porenbildung in der Regel kein separates Tipfilling.
- β-Escin ist ein Saponin, also kein Peptid, und eignet sich ebenfalls als Poren-bildner, auch wenn es seltener verwendet wird als die anderen Substanzen. Es ist wasserlöslich, also deutlich einfacher in die Pipettenlösung zu bringen, soll etwas höhere Erfolgsquoten beim Patchen ergeben als die Peptide und führt ebenfalls zu guten Serienwiderständen <10 MΩ. Die gebildeten Poren sind offenbar recht groß, sodass nicht nur Kalzium, sondern auch Moleküle bis hin zu kleinen Proteinen hindurchgelangen können. β-Escin wird besonders zur Analyse spannungsgesteuerter Kalziumkanäle eingesetzt, die gegenüber der klassischen Whole-Cell-Konfiguration einen stark verringerten Funktionsver-lust *(Rundown)* zeigen. Auch scheinen intrazelluläre Signalkaskaden (Second-Messenger-Systeme) besser erhalten zu bleiben.

6.3   Intrazelluläre Substanzapplikation

Für viele Fragestellungen ist es von großem Vorteil, Substanzen von der intra-zellulären Seite der Membran hinzuzufügen oder ihre Konzentration ändern zu können. Beispiele sind der Austausch des Ionenmilieus innerhalb der

Zelle, die Aktivierung von Second-Messenger-Kaskaden durch cAMP oder andere Mediatoren sowie die Änderung der Pufferkapazität für Kalzium durch anorganische Chelatoren oder kalziumbindende Proteine. Meistens benötigt man eine Messung unter Baseline-Bedingungen und anschließend zum Vergleich eine Messung nach der Veränderung.

Dies lässt sich in der Inside-out-Konfiguration (Abschn. 5.2.2) direkt bewerkstelligen, allerdings nur an einem isolierten Membran-Patch. Wie sieht es dagegen in einer Whole-Cell-Messung aus, wenn man zum Beispiel Ionenkonzentrationen ändern, die Funktion von Kanälen von der intrazellulären Seite aus modulieren oder die Kapazität der Kalziumpufferung ändern möchte? Prinzipiell erlaubt die Whole-Cell-Methode unmittelbar die Kontrolle des intrazellulären Milieus durch die Pipettenlösung. Bei größeren und verzweigten Zellen geht die Perfusion der einzelnen Kompartimente über viele Minuten, sodass man manchmal diese Zeit für einen Vorher-nachher-Vergleich nutzen kann. Allerdings kennt man die vorherige Zusammensetzung des Zellinneren ja nicht genau und kann mit dem stetig fortschreitenden Austausch des Zellinneren keine saubere Trennung zwischen der Ausgangssituation und dem anschließenden Substanzeffekt erzielen. Im Idealfall sollte man also die Zelle erst mit einer Lösung perfundieren (und zwar lange genug, sodass sich intrazellulär ein Gleichgewicht einstellt), eine Kontrollmessung durchführen und anschließend die Substanz hinzufügen. Dazu gibt es folgende Methoden:

Mehrfache Ableitung von derselben Zelle: Wenn man nach einer Whole-Cell-Messung die Pipette vorsichtig in axialer Richtung von der Zelle zurückzieht, schließt sich meistens die Membran auf beiden Seiten wieder, das heißt, man erhält einen Outside-out-Patch (zu erkennen an der sehr kleinen Stromantwort auf den −10-mV-Testpuls) und kann annehmen, dass auch aufseiten der Zelle die Membran wieder geschlossen ist. Mit einer neuen Pipette lässt sich danach erneut eine Whole-Cell-Konfiguration herstellen und mit einer anderen Pipettenlösung eine zweite Ableitung von der Zelle vornehmen. Das Verfahren funktioniert bei gut erhaltenen Zellen erstaunlich verlässlich.

Pipettenperfusion: Man kann die Pipettenlösung auch direkt in der Pipette austauschen, indem man durch einen zusätzlichen seitlichen Zugang am Pipettenhalter eine feine, biegsame Quarzglaskapillare einführt (Tang et al. 1990; Aquila et al. 2015). Diese wird innerhalb der eigentlichen Patch-Pipette weit nach vorn geschoben und ihr Inhalt mit etwas Druck in die Pipettenlösung eingebracht. Zugleich wird am üblichen Ansatz des Druckschlauches (Abb. 6.3b) ein Sog angelegt, sodass die Zelle insgesamt keinem Überdruck ausgesetzt wird. Das Prinzip einer „Pipette in der Pipette" klingt etwas abenteuerlich und erfordert tatsächlich einiges Probieren und Fingerspitzengefühl. Nach anfänglichen Bastellösungen wurden aber kommerziell erhältliche Geräte entwickelt, die die Sache deutlich erleichtern. Standard sind heute ein Pipettenhalter mit zusätzlichem Eingang für die Quarzkapillare und ein Gerät zur fein dosierten Applikation von Druck und Sog. Man kann die Pipettenperfusion auch bei isolierten Patches (Outside- oder Inside-out) einsetzen, wobei man nur mit Sog (also ohne positiven Druck) arbeitet.

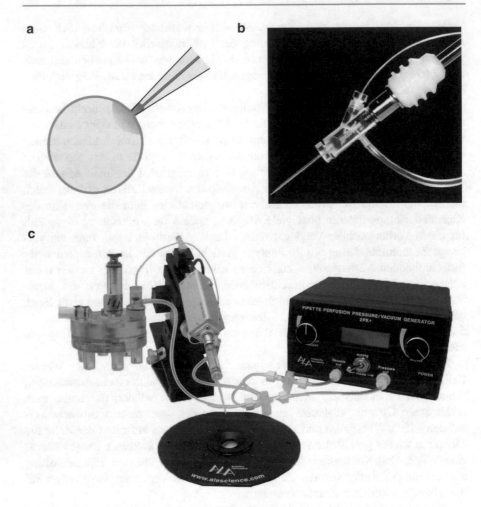

Abb. 6.3 Pipettenperfusion. **a** Prinzip der intrazellulären Substanzapplikation über die Patch-Pipette. An dem feinen Schlauch in der Pipette liegt ein Überdruck an, an der Pipette selbst ein Unterdruck. **b** Pipettenhalter mit zusätzlichem Port für die Substanzapplikation. **c** Anlage zur Pipettenapplikation. Über- und Unterdruck werden mit der Steuereinheit (rechts) dosiert, links ist das Vorratsgefäß für die Lösungen. (Abbildung mit freundlicher Genehmigung von ALA Scientific Instruments, USA/npi electronic, Tamm, Deutschland)

Uncaging: Eine elegante Lösung bietet, wie so oft, der Einsatz von Licht. Man kann über die Pipette *caged compounds* in die Zelle einbringen, das heißt biologisch aktive Substanzen, denen mit einer photolabilen Bindung chemische Gruppen angehängt wurden, die sie inaktivieren. Durch energiereiches Licht (meist im UV-Bereich) werden diese Gruppen abgespalten, sodass das verbliebene Molekül seine Wirkung entfaltet. Man kann dazu Xenonblitzlampen verwenden, die mit intensiven UV-Lichtblitzen von ca. 1 ms Dauer arbeiten, aber auch mit Lasern bis hin zu einer zeitlich und örtlich hochpräzisen Freisetzung von Substanzen mittels 2-Photonen-Mikroskopie. In der schnellen Aktivierung der Substanzen liegt ein wichtiger Vorteil der Technik, deren Anwendung keineswegs auf die intrazelluläre Applikation beschränkt ist! Sehr viele Substanzen sind als *caged compounds* erhältlich, zum Beispiel ATP, cAMP, IP3, NO und die meisten Neurotransmitter. Ebenso lässt sich Kalzium aus photolabilen Chelatoren freisetzen.

6.4 Nucleated-Patch

In manchen Fällen versucht man eine Art Zwischenlösung von Whole-Cell- und Outside-out-Patch herzustellen, die als Nucleated-Patch oder Nucleated-Makropatch bezeichnet wird. Hierbei wird der Nukleus der Zelle verwendet, um eine im Vergleich zum Outside-out-Patch deutlich größere Membran„kugel" von der Zellmembran abzulösen. So ist die Pipette nur mit einem Teil des Somas einer ehemals verzweigten Zelle (meist eines Neurons) verbunden, während die Fortsätze abgerissen sind. Diese Konfiguration erlaubt es, makroskopische Ströme (also die Aktivierung vieler Ionenkanäle) zu untersuchen, ohne die Space-Clamp-Probleme von Whole-Cell-Messungen in Kauf nehmen zu müssen (Martina et al. 1998). Außerdem kann man auf Nucleated-Patches sehr schnell Agonisten applizieren, sodass die Kinetik von Transmitterrezeptoren bestimmt werden kann (Zhu und Vicini 1997). Im Prinzip funktioniert die Herstellung des Nucleated-Patch ähnlich wie eine Outside-out-Konfiguration, nur dass man zunächst vorsichtig den Zellkern an die Pipettenmündung saugt und dann durch Zurückziehen der Pipette den anliegenden Teil der Membran von der Zelle abschnürt (Abb. 6.4). Man erhält so eine kleine membranumhüllte Kugel aus somatischer Membran plus Zellkern, die ausreichend groß ist, um viele Ionenkanäle zu enthalten, und zugleich eine sehr gute Spannungskontrolle erlaubt. Die Technik erfordert eine gute Optik und einige handwerkliche Erfahrung, funktioniert dann aber recht verlässlich.

6.5 Ableitung von subzellulären Strukturen

Neurone sind, wie bereits erwähnt, meist stark verzweigte Zellen, deren elektrische Eigenschaften und Aktivität zwischen Dendrit, Soma und Axon sehr unterschiedlich sein kann. Ein verzweigter Dendritenbaum beinhaltet in vielen Fällen komplexe Verarbeitungsschritte mit aktiver und passiver Weiterleitung und Modulation der Eingangssignale *(dendritic integration)*. Im Axon wiederum findet vor allem im Anfangsteil nahe dem Soma *(axon initial segment, AIS)* eine besondere Signalverarbeitung statt, nämlich die hocheffektive Erzeugung von Aktionspotentialen. Zugrunde liegen natürlich nicht nur die räumliche Trennung

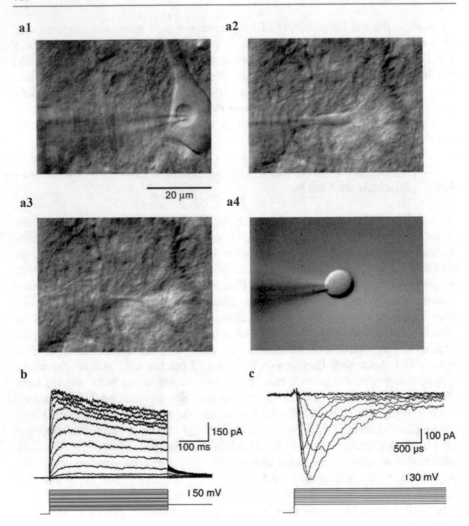

Abb. 6.4 Nucleated-Patch. **a** Herstellen eines Nucleated-Patch einer neokortikalen Pyramiden-zelle in einem Hirnschnittpräparat. **a1** Annäherung an die Zelle. **a2** Zurückziehen der Pipette in der Whole-Cell-Konfiguration. **a3** Verschluss der Membran zwischen Pipette und Zelle. **a4** Freier Nucleated-Patch. **b** Spannungsabhängige Kaliumströme (Voltage-Clamp). **c** Spannungsabhängige Natriumströme. Diese Ströme wären in der komplexen, ausgedehnten Zelle nicht mit ausreichender Spannungskontrolle messbar. (Aus Gurkiewicz und Korngreen 2006)

(compartments) und charakteristische Morphologien, sondern auch die asymmetrische Verteilung von Rezeptoren und Ionenkanälen, welche zu sehr unterschiedlichen elektrischen Eigenschaften führen.

Lange waren diese lokalen subzellulären Prozesse schwer zugänglich, aber dank der Optimierung der Patch-Clamp-Methoden können sie inzwischen mit etwas Aufwand und Training direkt elektrisch gemessen werden (Stuart et al. 1993; Davie et al. 2006; Hu und Shu 2012): Meist stellt man zunächst am Soma eines Neurons die Whole-Cell-Konfiguration her, sodass ein in der Pipette enthaltener Fluoreszenzfarbstoff in die Zelle gelangt. Der Farbstoff diffundiert innerhalb der Zelle und macht Dendriten und Axone, je nach Durchmesser, nach relativ kurzer Zeit (5–30 min) sichtbar (Abb. 6.5). Man verwendet Farbstoffe (z. B. Alexa-Hydrazide), die bei sparsamer Anregung die Zellaktivität nicht stören und somit eine gleichzeitige Messung der elektrischen Signale ermöglichen.

Eine zusätzliche Patch-Clamp-Konfiguration wird dann mit einer zweiten Pipette (ohne Farbstoff) etabliert, deren Öffnungsgröße der jeweiligen Zielstruktur angepasst ist (Dendrit ca. 8–12 MΩ, Axon 12–20 MΩ). Das Fluoreszenzbild des

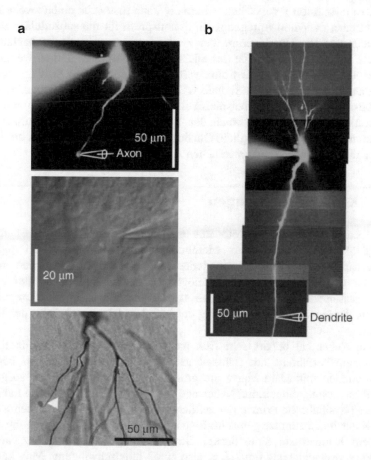

Abb. 6.5 Ableitung von subzellulären Strukturen. **a** Gleichzeitige Messung von Soma und Axon. Fluoreszenzbild des applizierten Farbstoffes durch die somatische Pipette (oben); IR-DIC-Foto des *axon bleb* mit Pipette (Mitte); Biocytinfärbung der gemessenen Zelle zur nachträglichen Auswertung der Morphologie (unten). **b** Fluoreszenzbild einer somatischen und dendritischen Messung. (Aus Kim et al. 2012)

intrazellulären Farbstoffes ermöglicht es, bei hoher Vergrößerung und Auflösung die gewünschte subzelluläre Struktur in der IR-Kontrastbeleuchtung zu finden, um sie dann mit der zweiten Pipette für einen Gigaseal anzusaugen. Voraussetzungen für diese Art des Patchens sind naturgemäß ein hohes Maß an Stabilität und eine sehr gute Optik. Besonders präzise driftarme Manipulatoren und Pipettenhalter sind hierfür dringend zu empfehlen: Driftbewegungen stören nämlich die Whole-Cell-Konfiguration bei sehr kleinen Strukturen deutlich mehr, da sie in diesem Fall meist unmittelbar den Zugang verschließen.

Hat man eine Cell-attached- oder Whole-Cell-Messung etabliert, kann man über Strompulse im Current-Clamp-Modus die elektrische Verbindung zwischen den „gepatchten" Strukturen testen: Eine Strominjektion am Soma sollte (je nach Entfernung und Längskonstante) eine deutlich messbare Potentialantwort im Dendriten oder Axon verursachen. Alternativ kann man auch einen zweiten Farbstoff mit einem anderen Anregungs-/Emissionsprofil für die subzelluläre Struktur verwenden und die Überlagerung der zwei Fluoreszenzsignale beobachten. Für etablierte Routinemessungen ist das allerdings unnötig teuer und aufwendig. Hat man erfolgreich eine mit dem Soma verbundene subzelluläre Struktur gepatcht, kann man die jeweils lokalen Signale während verschiedener Stimulationen oder Aktivitätsmuster messen und beispielsweise die Weiterleitung zum Soma hin oder vom Soma weg analysieren. Nach der Whole-Cell-Messung von subzellulären Strukturen ist es ebenfalls möglich, Outside-out-Patches zu bilden, um die lokalen Ionenkanäle und Rezeptoren untersuchen zu können.

6.6   Kapazitätsmessungen

Wir haben in Abschn. 3.2 bereits mit einfachen, rechteckförmigen Spannungssprüngen Abschätzungen der Membrankapazität vorgenommen und ihre Kompensation besprochen. Es gibt jedoch Fragestellungen, bei denen man die Kapazität von Zellmembranen mit möglichst hoher Amplituden- und Zeitauflösung messen möchte. Die wichtigste Anwendung hierfür ist die Exozytose von Vesikeln, die ja zu einer Vergrößerung der Membranfläche und damit der Kapazität führt.

Erwin Neher hat bereits sehr früh nach der grundlegenden Publikation des Patch-Clamp-Verfahrens mit Echtzeitmessungen von Vesikelfusionen begonnen und zusammen mit Alain Marty die grundlegende Methode zur zeitaufgelösten Kapazitätsmessung eingeführt (Neher und Marty 1982) (Abb. 6.6). Sie haben sich dazu das physikalische Prinzip der zeitlichen Änderung von elektrischen Signalen durch Kapazitäten zunutze gemacht: Eine sinusförmige Eingangsspannung erzeugt an einem Kondensator sinusförmige Ströme mit gleicher Frequenz, aber mit einer Phasenverschiebung um $1/2\,\pi$, also eine Viertelschwingung. Man kann dies anhand der Definitionsgleichung der Kapazität verstehen:

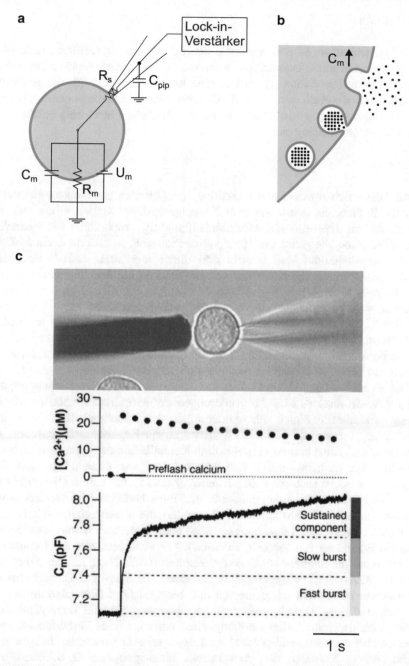

Abb. 6.6 Kapazitätsmessung. **a** Prinzip der Messung. Zielparameter ist die Kapazität der Zell-membran. **b** Die Fusion von Vesikeln führt zur Flächenvergrößerung der Membran, sodass die Kapazität zunimmt. **c** Originalmessung von einer chromaffinen Zelle des Nebennierenmarks. Die Patch-Pipette (Whole-Cell) kommt von rechts; links ist eine Kohlefaser positioniert, die mittels Amperometrie freigesetzte Catecholamine (Adrenalin, Noradrenalin) misst. Kalzium wurde intrazellulär durch Photolyse (caged-Verfahren; Abschn. 6.3) freigesetzt, anschließend steigt die Membrankapazität in verschiedenen Phasen an. (**c** Aus Neher 2006)

$$I = C \times dU/dt$$

Der kapazitive Strom ist also maximal, wenn die Änderung (zeitliche Ableitung) der Spannung maximal ist, und null, wenn die Spannung sich gerade nicht ändert. Aus einer Sinuskurve für U(t) wird so eine Kosinuskurve für I(t), die genau um 90° oder 1/2 π verschoben ist. Für die „resistive" Stromkomponente, also die Ströme, die durch den Membranwiderstand entstehen, gibt es eine solche Zeit- oder Phasenverschiebung nicht:

$$I = U/R$$

Damit lassen sich resistive und kapazitive Komponenten gut trennen: Betrachtet man die Ströme, die genau mit dem Eingangssignal schwingen, erhält man ein Signal, das zu 1/R, also zur Membranleitfähigkeit, proportional ist. Betrachtet man die Ströme, die genau um 1/2 π verschoben sind, so sind diese ein Maß für die Membrankapazität. Man erreicht dies durch sogenannte *Lock-in*-Verstärker, die das sinusförmige Signal der Kommandospannung mit dem Signal des Strom-Spannungs-Wandlers der Voltage-Clamp-Messung multipliziert. Dieses Produkt ist maximal, wenn beide Signale „in Phase" sind, also synchron (bei 1/2 π) schwingen. Bei dieser Phasenverschiebung ist die resistive Komponente null, denn sie entsteht genau beim Nulldurchgang der Kommandospannung. Für speziell Interessierte sei auf die Berechnung kapazitiver und resistiver Ströme mittels komplexer Zahlen verwiesen, aus denen die Phasenverschiebung sich ganz direkt ergibt.

Das Signal des Lock-in-Verstärkers wird dann noch mit einem Tiefpass gefiltert und ergibt ein direktes Maß für Änderungen der Membrankapazität (sowie ein phasenverschobenes Signal für Änderungen der Membranleitfähigkeit). Zur Kalibrierung verwendet man kleine Änderungen der Kapazitätskompensation, die man zuvor möglichst korrekt einstellt. Eine Komplikation des oben beschriebenen einfachen Messprinzips ergibt sich daraus, dass wir es nicht nur mit dem Membran-, sondern auch mit dem Serienwiderstand zu tun haben. Dies macht die obigen Gleichungen etwas komplizierter und muss berücksichtigt werden, zumal sich alle Parameter ändern können, insbesondere die Membranleitfähigkeit (z. B. wenn man bewusst durch Spannungssprünge einen Kalziumeinstrom aktiviert, der dann die Exozytose von Vesikeln induziert). Wir verzichten hier auf Details und verweisen auf die Literatur am Ende des Kapitels (Gillis 2000; Lindau 2012). Das gilt auch für ein leicht abgewandeltes Verfahren, die *Sine + DC*-Technik, bei der der absolute Haltestrom mit gemessen und berücksichtigt wird (also der Strom, der sich aus dem Abstand zwischen Membranpotential und dem gemischten Gleichgewichtspotential aller Leitfähigkeiten ergibt). Dieses Verfahren ist etwas genauer, aber auch aufwendiger und wird daher seltener verwendet. Es gibt zahlreiche weitere Varianten der verwendeten Eingangssignale (z. B. überlagerte Sinuswellen verschiedener Frequenz, Rechteckpulse) und der Kombination mit Reizen für die Exozytose (neben Spannungssprüngen z. B. die elegante Methode der Photolyse von *caged*-Kalzium, bei der man keine massive Veränderung der Membranleitfähigkeit induziert).

Moderne Patch-Clamp-Programme bieten die Funktion der phasengekoppelten Signalauswertung bereits in ihrer Software an, sodass man Kapazitätsmessungen unmittelbar durchführen kann. Man sollte dies bei der Beschaffung bereits berücksichtigen und bei Bedarf ein Modell mit dieser Funktion auswählen. Die Methode ist besonders sensitiv, wenn man mit kleinen, sehr hochohmigen (also gering leitfähigen) und kugelförmigen Zellen zu tun hat. Dann kann man in der Whole-Cell-Konfiguration Sinusfrequenzen von bis zu 3000 Hz einstellen, die eine entsprechend gute Zeitauflösung ergeben. Für isolierte „Patches", insbesondere im Cell-attached-Modus, kann man sogar bis 20 kHz gehen und damit die Fusion einzelner Vesikel in Echtzeit beobachten.

6.7 Dynamic-Clamp

Wir haben in Abschn. 3.1.1 das Prinzip des Voltage-Clamp beschrieben, bei der man ein Membranpotential vorgibt und durch entsprechende Korrekturströme stabil hält. Die Korrekturströme sind dann ein Maß für die Leitfähigkeit der Membran. Eine Modifizierung dieses Prinzips ist die Dynamic-Clamp-Technik. Dabei geht man wie beim Voltage-Clamp vom ohmschen Gesetz aus, das Membranströme, Widerstand (bzw. seinen Kehrwert, die Leitfähigkeit) und treibende Spannung (Abstand des aktuellen Membranpotentials U_m vom Gleichgewichtspotential E für die jeweilige Leitfähigkeit) in Beziehung setzt:

$$(U_m - E) = R_m \times I$$

bzw.

$$G_m \times (U_m - E) = I, \text{ mit der Membranleitfähigkeit } G_m = 1/R_m$$

Mit diesem Prinzip lassen sich Leitfähigkeiten der Membran künstlich herstellen oder simulieren (Abb. 6.7). Angenommen, wir wollen den Effekt einer bestimmten Synapse auf ein Neuron untersuchen, zum Beispiel einer GABAergen hemmenden Synapse, die mit definierter Amplitude und Zeitverlauf Chloridionen leitet. Wir wissen in etwa, wie G(t) aussieht – in unserem Fall eine steil ansteigende und exponentiell wieder abfallende Leitfähigkeitserhöhung für Chloridionen. Beim Dynamic-Clamp-Verfahren geht dieser Verlauf von G(t) als Vorgabe („Modell") in unser Experiment ein. Auch das Gleichgewichtspotential E für Chloridionen kennen wir, besonders, wenn in der Whole-Cell-Messung die intra- und extrazelluläre Chloridkonzentrationen bekannt sind. Das aktuelle Membranpotential U_m können wir messen, sodass wir den Strom I, der in dieser Situation durch die GABAerge Synapse verursacht wird, einfach berechnen und in die Zelle injizieren können. Dadurch wird sich wiederum U_m verändern, ebenso wie unsere angenommene synaptische Leitfähigkeit, die sich ja nach unserer Vorgabe zeitlich ändert. Also kann man einen neuen Strom I berechnen usw. So induzieren

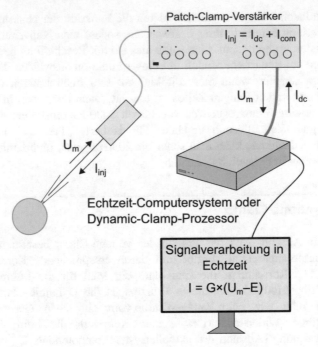

Patch-Clamp-Verstärker

$I_{inj} = I_{dc} + I_{com}$

U_m I_{dc}

U_m

I_{inj}

Echtzeit-Computersystem oder
Dynamic-Clamp-Prozessor

Signalverarbeitung in
Echtzeit

$I = G×(U_m–E)$

Abb. 6.7 Die Dynamic-Clamp-Technik erfordert ein Feedback zwischen Patch-Clamp-Verstärker und einem Dynamic-Clamp-Prozessor oder -Software in Echtzeit

wir eine Veränderung von U_m über die Zeit, die einem inhibitorischen post-synaptischen Potential (IPSP) entspricht. Wenn U_m im Ergebnis so aussieht wie ein „echtes" IPSP, war unser Modell für G(t) plausibel – sonst muss das Experiment mit angepassten Parametern für G(t) wiederholt werden. Letztlich simulieren wir also eine Leitfähigkeitsänderung der Membran, testen ihren Effekt auf die Zelle und lernen auf diese Weise wichtige Membranvorgänge genauer kennen. Auf genau dieselbe Weise kann man eine postulierte, vorhandene Leitfähigkeit durch Injektion entsprechender Ausgleichsströme „abschalten", indem man gerade die jeweils gegenteiligen Strominjektionen vornimmt. So lässt sich herausfinden, ob eine bestimmte Stromkomponente zum Beispiel für das Entstehen von Aktions-potentialen in einer Schrittmacherzelle notwendig ist (Wilders 2006).

Die Methode wurde zunächst angewandt, um die elektrische Kopplung von Herzmuskelzellen durch Gap Junctions zu simulieren. Heute wird sie auch in der Neurophysiologie verwendet, um herauszufinden, wie sich intrinsische Leitfähig-keiten und synaptische Eingänge von Neuronen auf ihr Verhalten auswirken. Herz- und Neurophysiologen testen mit der Methode insbesondere die Mechanismen, die für die sehr vielfältigen Wellenformen von Aktionspotentialen ihrer jeweiligen Zellen verantwortlich sind (Goaillard und Marder 2006).

Mit zunehmender Geschwindigkeit und Leistung der Computer wird es immer besser möglich, Reaktionen auf eine Strominjektion quasi in Echtzeit zu messen, mit Erwartungswerten zu vergleichen und zu korrigieren. So kann man in einem Closed-Loop-Verfahren ein bestimmtes Verhalten der Zelle erzwingen und die zugrunde liegende Leitfähigkeit kennenlernen. Die Dynamic-Clamp-Technik verbindet also das Modellieren zellulären Verhaltens mit experimenteller Laborforschung.

Einige moderne Verstärker und ihre Steuerprogramme enthalten bereits fertige Lösungen für das Verfahren. Man darf den Aufwand aber nicht unterschätzen, den eine souveräne Handhabung und solide Anwendung dieser Technik erfordern. Vorversuche mit einer Testzelle sind ein guter Weg, um sich an Theorie und Praxis der Methode heranzutasten.

6.8   In-vivo-Patch-Clamp

In den letzten Jahren hat sich die Physiologie zunehmend in Richtung komplexer, systemphysiologisch aussagekräftiger Tiermodelle entwickelt. Vieles, was früher nur an isolierten Zellen machbar war, wird heute in Organpräparaten oder sogar in vivo untersucht. Das gilt auch für die Patch-Clamp-Technik, deren Anwendung an lebenden Tieren inzwischen in vielen Laboren etabliert ist und einen (allerdings sehr anspruchsvollen) Standard darstellt, um hochauflösende zelluläre Elektrophysiologie mit größtmöglicher biologischer Relevanz im Gesamtsystem durchführen zu können.

Patch-Clamp-Messungen in vivo werden meistens in der Whole-Cell-Konfiguration durchgeführt, hinzu kommt der Einsatz von Patch-Pipetten für juxtazelluläre und Loose-Patch-Ableitungen. Alternative bzw. ergänzende Zugänge sind Ableitungen mit scharfen Mikroelektroden, Feldpotential- oder *unit*-Ableitungen (Abschn. 2.2). Patch-Clamp-Messungen in vivo werden überwiegend in der Neurophysiologie eingesetzt. Sie erlauben, das *subthreshold*-Verhalten einzelner Zellen, also Änderungen des Membranpotentials unterhalb der Schwelle von Aktionspotentialen, präzise zu erfassen, während die Neurone in ihre natürlichen Netzwerke eingebunden sind. Von besonderem Interesse sind dabei postsynaptische Potentiale (oder im Voltage-Clamp-Modus die entsprechenden Ströme). Am häufigsten verwendet man Nagetiere, es werden aber auch andere Spezies wie Insekten oder Fische mit dieser Methode untersucht. Die ersten Ableitungen am lebenden Tier wurden im visuellen Kortex der Katze durchgeführt (Pei et al. 1991), inzwischen wird ebenso von tiefer liegenden Hirnregionen (z. B. dem Hippocampus) und vom Rückenmark abgeleitet.

Die elektrophysiologischen Grundlagen sind natürlich die gleichen wie in jedem anderen Präparat, aber es gibt doch einige Besonderheiten, auf die wir hier kurz eingehen möchten. Prinzipiell kann das Tier in drei verschiedenen Situationen untersucht werden: 1) anästhesiert, 2) wach, aber fixiert, 3) frei beweglich. Die beiden ersten Versionen sind bei Weitem die gebräuchlichsten, während Messungen in frei beweglichen Tieren die absolute Ausnahme sind. Sie wurden von Michael Brecht im Labor von Bert Sakmann entwickelt und erlauben einzigartige Einblicke in die zelluläre Physiologie von Tieren während des Verhaltens (Brecht et al. 2004). Sie verlangen aber auch viel Erfahrung, großes experimentelles Geschick und erhebliche Frustrationstoleranz (das „erheblich" ist vermutlich stark untertrieben). In diesem einführenden Buch konzentrieren wir uns auf Ableitungen vom fixierten Tier, bei denen Relativbewegungen zwischen Pipette und Gehirn weitgehend vermieden werden.

Anästhesierte Mäuse oder Ratten werden in (käufliche) stereotaktische Apparate eingespannt, die Halterungen für die Fixierung am knöchernen Skelett der Ohren (äußerer Gehörgang) und den oberen Schneidezähnen haben. Bei der Fixierung ist äußerste Vorsicht geboten, um keine Verletzungen zu verursachen. Bei längeren Experimenten muss man dafür Sorge tragen, dass das Tier nicht auskühlt, sodass die Lagerung auf einem Wärmekissen (handelsübliche *heating pads*) erfolgen sollte. Wichtig ist auch eine ausreichende und gut gesteuerte Anästhesie, die natürlich vorab im Detail geplant und von den Behörden überprüft und genehmigt werden muss. Da Anästhetika quasi per definitionem Änderungen von Wahrnehmung, Verhalten und neuronaler Aktivität induzieren, entstand früh der Wunsch, die Technik auch am nicht anästhesierten Tier einsetzen zu können. Ableitungen an wachen, kopffixierten Nagern wurden ebenfalls im Labor von Bert Sakmann entwickelt (Margrie et al. 2002). Dabei wird auf dem Kopf der Tiere mittels Zahnzement eine Halterung angebracht, die zur Messung an einem entsprechenden Stativ befestigt wird. Die Tiere können dabei auf einem Fließband oder einer beweglichen Kugel laufen, bei Bedarf sogar innerhalb einer virtuellen Realität, die eine bestimmte, variable räumliche Orientierung simuliert (Abb. 6.8). Vor der eigentlichen Messung werden sie über mehrere Tage daran gewöhnt, sodass sie im Experiment nicht gestresst sind.

Der Zugang zum Zielgewebe muss sehr schonend geschaffen werden. Zu große Öffnungen des Schädels und der Dura führen zu starken atem- oder pulsbedingten Bewegungen, Schwellungen oder Austrocknung des Gehirns! Zunächst entfernt man das Fell auf einer ausreichend großen Fläche, um sich an den Schädelnähten orientieren zu können. Nach Entfernen aller Gewebereste kann auf dem sauberen und trockenen Knochen ein Ring angebracht werden, der eine kleine Kammer für die Füllung mit extrazellulärer Lösung bildet. In anderen Verfahren wird darauf verzichtet, allerdings muss man immer darauf achten, dass die Oberfläche des Gehirns nicht austrocknet. Anschließend bohrt man bei guter Beleuchtung unter Kontrolle durch eine Lupe oder ein OP-Mikroskop an den gewünschten Koordinaten ein möglichst kleines Loch in den Schädel (z. B. 0,5 mm). Die letzte, feine Knochenlammelle kann vorsichtig mit einer Injektionsnadel entfernt werden. Auch die darunterliegende harte Hirnhaut (Dura mater) kann man mit einer feinen Nadel in der minimal notwendigen Größe öffnen. Manche Experimentatoren lassen die Dura intakt, besonders bei nichtanästhesierten Tieren. Dann muss man beim Einführen der Pipette einen sehr hohen Innendruck anlegen (z. B. 500 mbar), den man nach Durchdringen der Hirnhaut drastisch reduziert, um Gewebeschädigungen zu vermeiden.

Den Zugang zur Zelle kann man „blind" schaffen, indem man die Pipette langsam in axialer Richtung vorschiebt, auf kleine Änderungen des Widerstands achtet (Testpuls!), dann den positiven Druck entfernt und die Membran der vermuteten

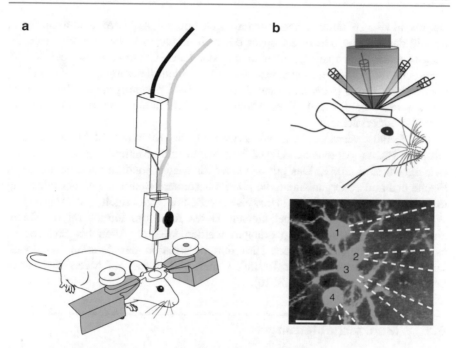

Abb. 6.8 Patch-Clamp-Experimente unter In-vivo-Bedingungen. **a** Fixierung der Maus durch Halterungen am Kopf. **b** Prinzip der Pipettenpositionierung unter optischer Kontrolle. Unten: Mehrfachableitung von vier Pyramidenzellen des Neokortex der Maus, die durch die Pipetten mit einem Fluoreszenzfarbstoff (Alexa 549) gefüllt wurden. (**b** Aus Jouhanneau et al. 2018)

Zelle vorsichtig ansaugt. Dabei ist die Zelle zunächst unbekannt, kann aber mit Farbstoff gefüllt und nachträglich identifiziert werden (Abschn. 6.11). Ein anderer Ansatz ist die Kombination mit hochauflösenden optischen Verfahren bis hin zur 2-Photonen-Mikroskopie. In diesen Fällen bringt man ein Objektiv in die extrazelluläre Lösung des zuvor geschaffenen Wasserbades ein. Die Sichtverhältnisse sind im nativen Präparat aber schlecht, sodass man in der Regel mit fluoreszierenden Zellen arbeitet, die durch transgene Techniken oder virale Vektoren entsprechend vorbereitet wurden. So kann man auch spezielle Zelltypen hervorheben, zum Beispiel einen bestimmten Subtyp von Interneuronen. Die Pipette sollte in diesem Fall einen Fluoreszenzfarbstoff mit anderer Emissions wellenlänge enthalten, um ebenfalls gut sichtbar zu sein. Man kann auch einen aus der Pipette austretenden Fluoreszenzfarbstoff (z. B. Alexa 594) nutzen, um den Extrazellulärraum zu färben, sodass die Somata der Zellen als dunkle Schatten erkennbar werden (*shadow patching*) (Kitamura et al. 2008).

   Wie oben gesagt ist In-vivo-Patch-Clamp zu einer verbreiteten, aber immer noch technisch aufwendigen Anwendung geworden. Sie erfordert viel Vorbereitung und Übung und ergibt in der Regel deutlich weniger gelungene Ableitungen als die entsprechenden Ansätze in Hirnschnitten oder Zellkulturen. Für viele Fragestellungen bietet es sich daher an, nicht alle mechanischen

Details in vivo zu untersuchen, sondern sich auf die Aspekte zu konzentrieren, für die das gesamte Hirn oder sogar das sich verhaltende Tier benötigt werden. Es gibt einen Trend zur Automatisierung der Patch-Clamp-Technik, bei der die anspruchsvollen und zeitraubenden Arbeiten der Identifizierung geeigneter Zellen, Annäherung der Pipette und Seal-Bildung vom Steuerprogramm übernommen werden (Suk et al. 2019). Dies könnte die Verbreitung und Anwendung der Technik sehr erleichtern.

Für Details verweisen wir wiederum auf die Literatur. Mehrere führende Gruppen haben exzellente Übersichtsarbeiten zur Methode geschrieben (z. B. Noguchi et al. 2021). Das gilt nicht nur für Nager, sondern auch für Insekten, Fische und andere Organismen, die jeweils besondere Bedingungen der Fixierung und Versorgung benötigen. Hinweisen möchten wir noch auf sogenannte Whole-Brain-Präparate, die bei kleinen Tieren recht problemlos für die Dauer eines Experiments am Leben erhalten werden können. Auch bei Säugern ist es gelungen, ein entnommenes Hirn durch Perfusion der Arterien funktionell intakt zu halten, wobei diese Technik bisher weitgehend auf Meerschweinchen beschränkt ist (de Curtis et al. 2016).

6.9   Mehrfachableitungen

Patch-Clamp-Messungen von mehreren Zellen gleichzeitig ermöglichen die parallele Registrierung zellspezifischer Signale unter identischen Stimulations-, Aktivitäts- oder pharmakologischen Bedingungen. Eine Besonderheit ist, dass sich damit prä- und postsynaptische Mechanismen an synaptischen Verbindungen zwischen Zellen des gleichen oder unterschiedlichen Zelltyps untersuchen lassen und man Informationen über die Art, Stärke und Häufigkeit der Synapsen sammeln kann (Abb. 6.9). Aber auch „nur" zwei verbundene Zellen zu finden und stabil im Patch-Clamp-Experiment zu messen, stellt oft schon eine große Herausforderung dar. Vor allem bei seltenen Verbindungen, also geringer Konnektivität, nutzen viele Labore die Mehrfachableitungen, um die Effizienz zu erhöhen, um leichter Verbindungen zu finden und deren Kartierung zu beschleunigen. Die stetige Weiterentwicklung von Manipulatoren und Vorverstärkern lassen mittlerweile die parallele Verwendung einer Vielzahl von Messelektroden an einem Präparat bzw. an benachbarten Zellen zu. Hierbei sind sogar bis zu zehnfache Whole-Cell-Messungen keine Seltenheit mehr (Espinoza et al. 2018; Peng et al. 2019).

Die technischen Voraussetzungen für die Mehrfachableitungen bestehen nicht nur in einer ausreichenden Anzahl an Pipettenhaltern und Verstärkern (Mehrkanalverstärker sind von Vorteil, aber nicht zwingend notwendig). Um eine zusätzliche Zelle zuverlässig zu patchen, ohne bestehende Messungen zu verlieren, sind manchmal einige Umbauten nötig und einige Tipps zu beachten: Das Mikroskop sollte zu allen anderen Komponenten frei beweglich sein (beweglicher Kreuztisch; Abschn. 4.1.2), um Zellen außerhalb des aktuellen Sehfeldes anfahren zu können und um weitere Pipetten einzubringen. Außerdem sollten vor allem die

a

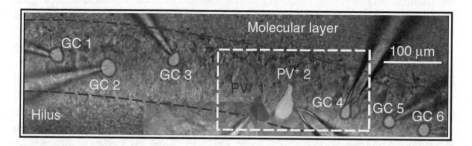

b

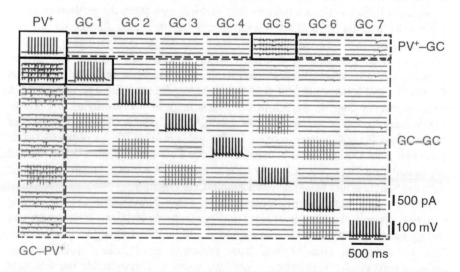

Abb. 6.9 Mehrfachableitungen. **a** Siebenfache Whole-Cell-Ableitung von Körnerzellen und zwei hemmenden Interneuronen der Area dentata der Maus (Hirnschnitt). **b** Verbindungsmatrix zwischen sieben Körnerzellen und einem Parvalbumin-exprimierenden Interneuron. Die Diagonale zeigt jeweils die intrinsischen Eigenschaften des präsynaptischen Neurons, die anderen Felder zeigen die postsynaptischen Ströme der postsynaptischen Neurone. (Verändert nach Espinoza et al. 2018)

durch Elektromotoren angetriebenen Manipulatoren ausreichend mechanisch entkoppelt sein, um die Übertragung von Vibrationen an Pipetten im Gewebe zu vermeiden. Auch beim Einsetzen der Pipette und beim Heranfahren ist Vorsicht (oder eher Fingerspitzengefühl) geboten. In der Praxis sind leichte Bewegungen an den bereits eingesetzten Pipetten nicht zu vermeiden. In Whole-Cell-Konfiguration bleiben die Zugänge aber meist trotz der Verschiebungen stabil und können oft sogar zurückgestellt werden. Viele gängige Patch-Clamp-Aufbauten sind für mehrere eigenständige Manipulatoren ausgelegt, sodass man lediglich gute Präparate und die Bereitschaft braucht, durch Üben die eigene Methode und Reihenfolge beim Herstellen einer Mehrfachableitung zu etablieren.

Fast unvermeidlich sind zwei typische Missgeschicke: Mal hat man die falsche Manipulatorsteuerung erwischt und jagt eine bereits im Gewebe befindliche Pipette in Richtung Kammerboden anstatt eine neue unter das Objektiv, mal zeigt sich nach langem Suchen eine abgebrochene Pipette, die durch unsanften Kontakt mit der anderen Pipette die bestehende Messung zerstört hat. Als Abhilfe empfehlen wir, möglichst weit mit dem Objektiv hochzufahren und lieber einen längeren „Anfahrweg" der Pipette zur Zelle in Kauf zu nehmen, um solche Zusammenstöße zu vermeiden.

Sind zwei oder mehr Zellen erfolgreich in den Whole-Cell-Modus gebracht, können die synaptischen oder elektrischen Verbindungen getestet werden. Hierfür werden bei einer der Zellen meist im Current-Clamp-Modus Aktionspotentiale erzeugt. Im Falle einer monosynaptischen Verbindung sollten die postsynaptischen Signale der anderen Zelle(n) zeitlich mit kurzer Latenz folgen. Größe, Verlauf und Zeitversatz sowie dessen Variabilität sind stark von der Art der beteiligten Synapsen abhängig. Wichtige Faktoren sind unter vielen anderen: die Art des Transmittersystems, die Freisetzungswahrscheinlichkeit von Vesikeln und die beteiligten Rezeptoren und Ionenkanäle auf prä- und postsynaptischer Seite. Die entstehenden postsynaptischen Signale werden in der Praxis im Whole-Cell-Modus in Current- oder Voltage-Clamp gemessen. Die Perforated-Patch-Methode (Abschn. 6.2) ist aber bei manchen Fragestellungen sowohl für die prä- als auch für die postsynaptische Zelle eine gute Option. Auch juxtazelluläre oder Cell-attached-Messungen können zur Stimulation einer präsynaptischen Zelle verwendet werden, bieten aber längst nicht die Stabilität und Kontrolle eines Whole-Cell-Zugangs.

Erzeugt man durch Aktionspotentiale in einer Nervenzelle zeitlich streng korreliert synaptische Signale in einer nachgeschalteten Zelle, so spricht man von unitary events, um dies als kleinste Einheit der Signalübertragung zu beschreiben. Man muss hierbei einschränken, dass zwischen zwei Zellen typischerweise mehrere synaptische Verbindungen gebildet werden. Unterschiede der Aktivität und Effizienz der einzelnen Synapsen erzeugen dann eine erhöhte Variabilität der postsynaptischen Antworten, die gegebenenfalls berücksichtigt werden muss. Oft wird man aber die synaptische Verbindung insgesamt betrachten und die Signale als Summe dieser unterschiedlichen Einzelbeiträge auswerten.

Gepaarte Ableitungen zweier verbundener Zellen bieten gute experimentelle Bedingungen für die gezielte Beeinflussung der synaptischen Übertragung, da modulierende Substanzen sowie Neurotransmitter in definierten Konzentrationen in eine einzelne Zelle eingebracht werden können. Hierdurch lassen sich intrazelluläre Prozesse wie Neurotransmittermetabolismus, Vesikelbeladung und deren Freisetzung in Interaktion mit Kalzium untersuchen. Vor allem das direkte Patchen einer großen Präsynapse zusammen mit der postsynaptischen Zelle ermöglicht es, das intrazelluläre Milieu und die elektrische Aktivität (Aktionspotentialform und -abfolge) der Verbindung sehr effektiv zu kontrollieren (z. B. die *Calyx of Held* im Hirnstamm). Auch kleinere präsynaptische Strukturen im Kortex bzw. Hippocampus, wie *mossy fiber boutons*, können inzwischen mithilfe einiger Tricks und Zusatzkomponenten zuverlässig im Cell-attached- oder sogar im Whole-Cell-Modus stimuliert werden, um eine kortikale Präsynapse zusammen mit der postsynaptischen Zelle direkt zu untersuchen (Vandael et al. 2021).

6.10 Patch-Automaten

Bei der Patch-Clamp-Technik sind, wie bei allen elektrophysiologischen Methoden, besonderes handwerkliches Geschick und Sorgfalt im Umgang mit dem Gewebe vonnöten. Dies macht für viele von uns den besonderen Reiz dieser Forschungsrichtung aus, führt aber auch zu relativ geringen n-Zahlen. Es kann bei einer pharmakologischen Messreihe lange dauern, bis man jede der vielleicht fünf Konzentrationen einer Substanz an je 15 oder 20 Zellen getestet hat. Bei mehreren Substanzen wird das schnell zu einem limitierenden Faktor. Deswegen ist früh der Wunsch entstanden, automatisierte Verfahren mit höherem Durchsatz zu entwickeln (Abb. 6.10) (Dunlop et al. 2008).

Wir haben in Abschn. 6.8 schon für In-vivo-Ableitungen beschrieben, dass es automatisierte Systeme gibt, bei denen sich die Pipette der Zelle annähert und einen Seal herstellt. Für isolierte Zellen in Suspension wurde die noch stärker automatisierte *flip tip*-Technik entwickelt, in der die Zellen von hinten zusammen mit der extrazellulären Lösung in eine Patch-Pipette eingefüllt werden und nach unten sinken, bis schließlich eine Zelle die Mündung verstopft (Fejtl et al. 2007). Die Pipette wird zuvor in ein Reservoir mit intrazellulärer Lösung eingeführt, in die der Patch-Clamp-Verstärker integriert ist. Hier wird nun Unterdruck angelegt, bis sich ein Seal gebildet hat und dieser schließlich durchreißt. Die Geräte erlauben parallele Messungen an mehreren Pipetten, sodass man einige Hundert Zellen pro Tag messen kann. Andere Systeme ziehen die Zellen an ein kleines Loch im Boden einer Kammer heran, unter dem eine Patch-Pipette angebracht ist, die nun automatisch den Seal herstellt. Allerdings ist der Durchsatz solcher auf einzelnen Glaspipetten beruhender Techniken immer limitiert.

Für das High-Throughput-Screening hat sich eine andere Methode etabliert, bei der isolierte Zellen in einer Suspension durch Unterdruck an eine Lochplatte herangesogen werden. Ursprünglich waren die Systeme für einzelne Zellen gedacht, wurden aber schnell in *planar array*-Platten mit multiplen Löchern weiterentwickelt, die parallele Messungen an 16, 64 oder mehr Zellen erlauben. Damit lassen sich effiziente pharmakologische Screenings durchführen, auch wenn die Qualität der Daten wohl nicht an Ableitungen mit einzelnen Pipetten herankommt. Je nach Hersteller variieren die Materialien der Lochplatten und die Perfusionssysteme. Größere Systeme kommen auf Ableitungen von mehreren Tausend Zellen pro Tag. Man verwendet dafür überwiegend elektrophysiologisch weitgehend neutrale Zellen (HEK, CHO usw.), in die definierte Ionenkanäle durch Transfektion eingebracht wurden.

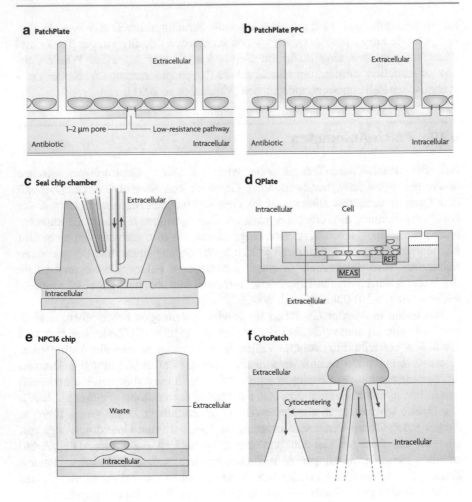

Abb. 6.10 Patch-Automaten. Zellen werden in verschiedenen Konfigurationen an Öffnungen platziert, die entweder einen Zugang durch die Perforated-Patch-Technik (Abschn. 6.2) (**a, b**) oder die konventionelle Whole-Cell-Ableitung schaffen (**c–f**). Einzelheiten zu den verschiedenen Technologien im Originalartikel (Dunlop et al. 2008)

6.11   Histologie – Färbung nach der Messung

Nach erfolgreichen Ableitungen will man oft die gemessene Zelle noch genauer histologisch untersuchen. Typische Fragestellungen sind die Klassifizierung des Zelltyps, Größe und Verzweigungsgrad der Zellen, Lokalisation innerhalb des Gewebes bzw. neuronalen Netzwerkes oder die synaptische Konnektivität (insbesondere bei Ableitungen von mehreren Zellen). In aller Regel lässt sich dies durch Einbringen eines Farbstoffes über die Patch-Pipette bewerkstelligen. In

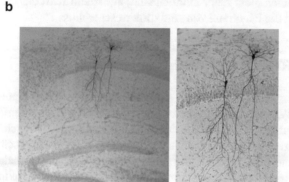

Abb. 6.11 Histologische Färbung nach einer Patch-Clamp-Messung. **a** Intrinsische Eigenschaften (Whole-Cell, Current-Clamp) und Morphologie eines Parvalbumin-positiven Interneurons der CA1-Region im Hippocampus der Maus. Die Zelle wurde während der Messung mit Biocytin gefüllt und anschließend fluoreszenzmikroskopisch aufgenommen. Rot markierte Zellen zeigen die Population der Parvalbumin-exprimierenden Interneurone (transgene Mauslinie, Expression von Rosa-tdTomato). **b** Konvertierung zweier biocytingefüllter Zellen in eine (nichtfluoreszente) Färbung durch Kopplung an Peroxidase und Reaktion mit Diaminobenzidin (DAB)

den Neurowissenschaften haben sich Biotinderivate (Biocytin oder Neurobiotin) durchgesetzt, an die nachträglich das Protein Avidin (oder Streptavidin) gebunden wird. An dieses Protein lassen sich Fluoreszenzfarbstoffe oder – für stabile und sehr kontrastreiche Färbungen – Peroxidasen binden, die wiederum zusammen mit Wasserstoffperoxid und farbgebenden Metallen eine dunkelbraune oder schwarze Färbung der Zelle erlaubt (Abb. 6.11) (Marx et al. 2012).

Als Resultat erhält man also eine stark gefärbte Zelle im Gewebeverbund, den man durch eine Hintergrundfärbung (Nissl, DAPI) noch so kontrastiert, dass man eine klare Orientierung bezüglich der Kerngebiete, Zellschichten etc. hat. Auch die Kombination mit weiteren Immunfärbungen ist möglich – entsprechende Protokolle sind publiziert oder werden von den Herstellern geliefert.

Voraussetzung für die Färbung und morphologische Analyse der untersuchten Zellen ist aber, dass die Pipette vorsichtig von der Zelle entfernt wird, sodass sich die Membran wieder schließen kann. Bei zu groben oder schnellen Bewegungen zerstört man entweder das Soma und die somanahen Strukturen, oder man zieht die Zelle mit der Pipette durch das Gewebe, wobei sie natürlich sowohl verletzt wie auch verlagert wird. Nach dem Ablösen der Pipette sollte man, besonders nach kürzeren Messungen, noch etwas warten, bevor man das Gewebe fixiert (die Zeit hängt von der Größe und Komplexität der Zelle ab und liegt zwischen wenigen Minuten und ca. 1 h). So verteilt sich der Farbstoff in der Peripherie der Zelle, und man erhält vollständige und gleichmäßige Färbungen.

Zur Fixierung setzt man in der Regel 1–4 % Paraformaldehyd in Phosphatpuffer ein. Wie lange und wie intensiv man fixiert, hängt von den anschließenden Prozeduren ab. Manche Antigene gehen durch die Fixierung verloren, sodass bestimmte Immunfärbungen nicht mehr möglich sind; außerdem wird das Gewebe zunehmend vernetzt und die Penetranz von Antikörpern schlechter.

6.12   Single-cell RT-PCR und patch-seq

Mit der Whole-Cell-Konfiguration besteht ein direkter Zugang der Pipette zu einer einzelnen Zelle. Wir haben bisher betont, dass dadurch die Pipettenlösung in die Zelle gelangt und das intrazelluläre Milieu quasi „auswäscht". Schon zu Beginn der 1990er-Jahre erkannten Wissenschaftler aber, dass darin auch eine Chance liegt, interessante Moleküle aus der untersuchten Zelle zu sammeln und zu analysieren. Das betrifft besonders die mRNA, die ein Abbild der aktuellen Transkriptionsaktivität der Zelle ist. Saugt man nach der Whole-Cell-Messung das Zytoplasma vorsichtig in die Pipette ein, so kann man prinzipiell die darin enthaltenen mRNA-Sequenzen bestimmen und erhält neben den elektrophysiologischen Eigenschaften auch Informationen über die Genexpression der untersuchten Zelle (Eberwine et al. 1992; Audinat et al. 1996). Die Technik kann genutzt werden, um zwischen verschiedenen Neuronen zu unterscheiden oder um die funktionellen Daten mit der Expression bestimmter Proteine zu korrelieren (**Vorsicht:** man misst nur die mRNA, Rückschlüsse auf die vorhandenen Proteine sind also indirekt und vor allem quantitativ nur bedingt möglich). Typische Fragestellungen sind, ob in einem Krankheitsmodell die Expression kritischer Proteine verändert ist, ob eine Zelle eine ganz bestimmte Untereinheit eines Rezeptors oder Ionenkanals exprimiert oder ob ein „Marker" für einen bestimmten Zelltyp vorhanden ist (z. B. Parvalbumin, das für eine besondere Klasse von hemmenden Interneuronen charakteristisch ist). Eine jüngere, erweiterte Anwendung ist als *patch-seq* bekannt: Hier geht es um die Bestimmung der gesamten RNA des eingesaugten Zytoplasmas, also des gesamten Transkriptoms der Zelle, was

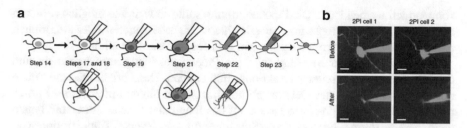

Abb. 6.12 Praktisches Vorgehen bei der Einzelzell-RT-PCR. **a** Schema der seitlichen Annäherung der Pipette und des Einsaugens des Zytoplasmas nach der Whole-Cell-Ableitung. Die eingekreisten Abbildungen zeigen mögliche Fehler: nichtzentrale Pipettenposition, zu starkes Eindrücken der Zelle und zu starkes Einsaugen, das eine anschließende morphologische Analyse unmöglich macht. **b** Originalfotos einer Ableitung mit Einsaugen des Zyptoplasmas (Fluoreszenzbilder, Füllung mit Alexa 488). (Aus Cadwell et al. 2017)

gemeinsam mit weiteren funktionellen und strukturellen Daten eine sehr genaue Differenzierung verschiedener Zelltypen erlaubt.

Das Prinzip besteht darin, aus der gesammelten mRNA durch reverse Transkription (RT) die wesentlich stabilere DNA zu machen und aus dieser durch Polymerasekettenreaktion (*polymerase chain reaction*, PCR) die interessierenden Sequenzen zu amplifizieren, die anschließend mit konventionellen molekular-biologischen Techniken nachgewiesen und einzelnen RNA-Spezies zugeordnet werden. Die Abfolge des Experiments besteht aus 1) dem Einsaugen des Zytoplasmas, 2) der reversen Transkription, 3) der Amplifizierung vor-handener Sequenzen mittels PCR und 4) der Analyse der gewonnenen RNA-Spezies (Abb. 6.12).

Wegen der geringen Mengen und der Instabilität von RNA ist es wichtig, alle Teile, die mit der RNA in Kontakt kommen könnten, frei von RNA-abbauenden Enzymen (RNAsen) zu halten, die praktisch überall vorkommen. Penibles Arbeiten ist gerade bei dieser Methode das A und O. Sogar mit größten Vorsichtsmaßnahmen hält man in der Regel das Experiment so kurz wie möglich, um die Degradation der RNA so gering wie möglich zu halten. Entscheidend für den Erfolg der Methode ist die strikte RNAse-Freiheit aller kritischen Lösungen und Flächen. Dazu gehören insbesondere die Patch-Pipette, der Silberdraht, die intrazelluläre Lösung, Pipetten-spitzen und alles, was im Vorfeld mit der intrazellulären Lösung in Kontakt kommen kann (Gläser usw.). Die intrazelluläre Lösung wird nach der Herstellung noch auto-klaviert, durch einen Filter gepresst (RNAse-freie Spritze!), aliquotiert und bei −20 °C aufbewahrt. Manche Autoren empfehlen, die Pipettenspitze durch kurzes Eintauchen in eine proteinabweisende Lösung (Organopolysiloxane; sogenanntes Sigmacote) vor Kontaminationen zu schützen. Die Pipetten werden mittels einer Präzisionspipette mit der minimal möglichen Menge an intrazellulärer Lösung gefüllt (weniger als 10 µl können hier reichen!), um die Verdünnung der RNA so gering wie möglich zu halten. Während der Annäherung an die Zelle muss besonders auf konstanten positiven Druck geachtet werden, damit das Innere der Pipette nicht kontaminiert werden kann. Die Pipettenöffnung sollte so weit wie möglich sein, um das Einsaugen des Zytoplasmas zu erleichtern. Manche Autoren oder Autorinnen empfehlen, den Zellkern mit einzusaugen, weil das die Ausbeute erhöht.

Nach Abschluss der Messung wird die Pipette vorsichtig zurückgezogen und der Inhalt in ein vorbereitetes Reaktionsgefäß entleert. Dazu bricht man die Spitze der Pipette am Boden des Gefäßes ab und bringt von hinten mittels einer Spritze und eines Schlauches positiven Druck auf das Innere der Pipette. Im Gefäß liegen dann bereits Puffer, Enzyme und Substrate für die reverse Transkription vor, sodass die RNA in cDNA umgeschrieben wird, die relativ stabil ist. Von dort ausgehend kann man nun mittels PCR die Sequenzen amplifizieren. Dabei stehen alle Möglichkeiten der Molekularbiologie offen – man kann Primer für ganz bestimmte Sequenzen verwenden („Exprimiert meine Zelle die Untereinheiten X, Y oder Z eines bestimmten Ionenkanals?"), man kann aber auch mit „Random-Primern" arbeiten, sodass man die gesamte RNA amplifiziert und anschließend mit geeigneten Agarosegelen, Arrays oder modernen Sequenziergeräten in der gewünschten Tiefe auswertet *(patch-seq)*.

Man kann die Analyse auch quantitativ als sogenannte qPCR *(quantitative polymerase chain reaction)* durchführen, wobei die „Ernte" der RNA aus dem eingesaugten Zytoplasma natürlich die Genauigkeit jeder nachfolgenden Analyse begrenzt. Fehler verstärken sich bei der exponentiell ansteigenden cDNA-Menge in den PCR-Zyklen sehr stark. Es gibt Protokolle, um die Genauigkeit der qPCR durch lineare Methoden der Amplifizierung zu verbessern – hierfür verweisen wir auf die jeweilige Spezialliteratur.

Bei entsprechend schonendem Zurückziehen und Ablösen der Pipette gelingt es, die Fortsätze von Neuronen in Schnittpräparaten so zu erhalten, dass eine anschließende morphologische Charakterisierung der Zellen möglich ist. Dazu muss natürlich ein entsprechender Indikator für Färbungen (z. B. Biocytin, Neurobiotin, Fluoreszenzfarbstoffe) in der Pipette enthalten sein (Abschn. 6.11) (Kamen und Karadottir 2021). Aus einem solchen Experiment kann man dann maximale Information über das elektrophysiologische Verhalten der Zelle, ihr Transkriptom und ihre Morphologie erhalten.

Literatur

Anson BD, Roberts WM (2002) Loose-patch voltage-clamp technique. In: Walz W, Boulton AA, Baker GB (Hrsg) Patch-clamp analysis: Advanced techniques. Humana Press, Totowa, NJ, S 265–286

Aquila M, Benedusi M, Fasoli A, Rispoli G (2015) Characterization of zebrafish green cone photoresponse recorded with pressure-polished patch pipettes, yielding efficient intracellular dialysis. PLoS ONE 10:e0141727

Audinat E, Lambolez B, Rossier J (1996) Functional and molecular analysis of glutamate-gated channels by patch-clamp and rt-pcr at the single cell level. Neurochem Int 28:119–136

Brecht M, Schneider M, Sakmann B, Margrie TW (2004) Whisker movements evoked by stimulation of single pyramidal cells in rat motor cortex. Nature 427:704–710

Cadwell CR, Scala F, Li S et al (2017) Multimodal profiling of single-cell morphology, electrophysiology, and gene expression using patch-seq. Nat Protoc 12:2531–2553

Daniel J, Polder HR, Lessmann V, Brigadski T (2013) Single-cell juxtacellular transfection and recording technique. Pflugers Arch 465:1637–1649

Davie JT, Kole MH, Letzkus JJ, Rancz EA, Spruston N, Stuart GJ, Hausser M (2006) Dendritic patch-clamp recording. Nat Protoc 1:1235–1247

de Curtis M, Librizzi L, Uva L (2016) The in vitro isolated whole guinea pig brain as a model to study epileptiform activity patterns. J Neurosci Methods 260:83–90

Dunlop J, Bowlby M, Peri R, Vasilyev D, Arias R (2008) High-throughput electrophysiology: An emerging paradigm for ion-channel screening and physiology. Nat Rev Drug Discov 7:358–368

Eberwine J, Yeh H, Miyashiro K et al (1992) Analysis of gene expression in single live neurons. Proc Natl Acad Sci U S A 89:3010–3014

Espinoza C, Guzman SJ, Zhang X, Jonas P (2018) Parvalbumin(+) interneurons obey unique connectivity rules and establish a powerful lateral-inhibition microcircuit in dentate gyrus. Nat Commun 9:4605

Fejtl M, Czubayko U, Hummer A, Krauter T, Lepple-Wienhues A (2007) Flip-the-tip: Automated patch clamping based on glass electrodes. Methods Mol Biol 403:71–85

Gillis KD (2000) Admittance-based measurement of membrane capacitance using the epc-9 patch-clamp amplifier. Pflugers Arch 439:655–664

Goaillard JM, Marder E (2006) Dynamic clamp analyses of cardiac, endocrine, and neural function. Physiology (Bethesda) 21:197–207

Gurkiewicz M, Korngreen A (2006) Recording, analysis, and function of dendritic voltage-gated channels. Pflugers Arch 453:283–292

Horn R, Marty A (1988) Muscarinic activation of ionic currents measured by a new whole-cell recording method. J Gen Physiol 92:145–159

Hu W, Shu Y (2012) Axonal bleb recording. Neurosci Bull 28:342–350

Jouhanneau JS, Kremkow J, Poulet JFA (2018) Single synaptic inputs drive high-precision action potentials in parvalbumin expressing gaba-ergic cortical neurons in vivo. Nat Commun 9:1540

Kamen Y, Karadottir RT (2021) Combining whole-cell patch clamp and dye loading in acute brain slices with bulk rna sequencing in embryonic to aged mice. STAR Protoc 2:100439

Kim S, Guzman SJ, Hu H, Jonas P (2012) Active dendrites support efficient initiation of dendritic spikes in hippocampal ca3 pyramidal neurons. Nat Neurosci 15:600–606

Kitamura K, Judkewitz B, Kano M, Denk W, Hausser M (2008) Targeted patch-clamp recordings and single-cell electroporation of unlabeled neurons in vivo. Nat Methods 5:61–67

Lindau M (2012) High resolution electrophysiological techniques for the study of calcium-activated exocytosis. Biochim Biophys Acta 1820:1234–1242

Margrie TW, Brecht M, Sakmann B (2002) In vivo, low-resistance, whole-cell recordings from neurons in the anaesthetized and awake mammalian brain. Pflugers Arch 444:491–498

Marrero HG, Lemos JR (2007) Loose-patch-clamp method. In: Walz W (Hrsg) Patch-clamp and lysis: Advanced techniques. Humana Press, Totowa, NJ, S 325–352

Martina M, Schultz JH, Ehmke H, Monyer H, Jonas P (1998) Functional and molecular differences between voltage-gated k+ channels of fast-spiking interneurons and pyramidal neurons of rat hippocampus. J Neurosci 18:8111–8125

Marx M, Gunter RH, Hucko W, Radnikow G, Feldmeyer D (2012) Improved biocytin labeling and neuronal 3d reconstruction. Nat Protoc 7:394–407

Neher E (2006) A comparison between exocytic control mechanisms in adrenal chromaffin cells and a glutamatergic synapse. Pflugers Arch 453:261–268

Neher E, Marty A (1982) Discrete changes of cell membrane capacitance observed under conditions of enhanced secretion in bovine adrenal chromaffin cells. Proc Natl Acad Sci U S A 79:6712–6716

Noguchi A, Ikegaya Y, Matsumoto, N (2021) In vivo whole-cell patch-clamp methods: Recent technical progress and future perspectives. Sensors (Basel) 21

Pei X, Volgushev M, Vidyasagar TR, Creutzfeldt OD (1991) Whole cell recording and conductance measurements in cat visual cortex in-vivo. NeuroReport 2:485–488

Peng Y, Mittermaier FX, Planert H, Schneider UC, Alle H, Geiger JRP (2019) High-throughput microcircuit analysis of individual human brains through next-generation multineuron patch-clamp. Elife, 8

Pinault D (1996) A novel single-cell staining procedure performed in vivo under electrophysiological control: Morpho-functional features of juxtacellularly labeled thalamic cells and other central neurons with biocytin or neurobiotin. J Neurosci Methods 65:113–136

Rhee JS, Ebihara S, Akaike N (1994) Gramicidin perforated patch-clamp technique reveals glycine-gated outward chloride current in dissociated nucleus solitarii neurons of the rat. J Neurophysiol 72:1103–1108

Stuart GJ, Dodt HU, Sakmann B (1993) Patch-clamp recordings from the soma and dendrites of neurons in brain slices using infrared video microscopy. Pflugers Arch 423:511–518

Suk H-J, Boyden ES, van Welie I (2019) Advances in the automation of whole-cell patch clamp technology. J Neurosci Methods 326:108357-S0165027019302146 108357 https://doi.org/10.1016/j.jneumeth.2019.108357

Tang JM, Wang J, Quandt FN, Eisenberg RS (1990) Perfusing pipettes. Pflugers Arch 416:347–350

Vandael D, Okamoto Y, Borges-Merjane C, Vargas-Barroso V, Suter BA, Jonas P (2021) Subcellular patch-clamp techniques for single-bouton stimulation and simultaneous pre- and postsynaptic recording at cortical synapses. Nat Protoc 16:2947–2967

Wilders R (2006) Dynamic clamp: A powerful tool in cardiac electrophysiology. J Physiol 576:349–359

Zhu WJ, Vicini S (1997) Neurosteroid prolongs gabaa channel deactivation by altering kinetics of desensitized states. J Neurosci 17:4022–4031

Daten und Datenverarbeitung

Die Durchführung von Patch-Clamp-Experimenten ist zunächst eine sehr praktische, sozusagen handwerkliche Aufgabe. Wenn endlich alles „klappt", entwickelt sich oft eine Eigendynamik, die dazu verleitet, sehr schnell viele Messungen durchzuführen, oft mit leichten Variationen der Messbedingungen. Nicht wenige (uns eingeschlossen) haben sich nach solchen intensiven Arbeitswochen schon vor großen Bergen an nicht ausgewerteten und ziemlich heterogenen Daten wiedergefunden. Dieses Kapitel soll helfen, möglichst von vornherein die im Experiment generierten Daten im Blick zu haben, sodass konsistente, gut auswertbare Datensätze entstehen, die sich leicht auswerten, kommunizieren und mit anderen teilen lassen.

Wir werden dazu ganz pragmatisch beim Experiment selbst anfangen, dann Hinweise zur Datenaufbereitung und -speicherung geben und schließlich auf den Trend zur Transparenz und freien Verfügbarkeit von Daten hinweisen, der die wissenschaftliche Arbeitsweise zunehmend bestimmt.

7.1 Dokumentation von Experimenten

Am Anfang steht die simple Einsicht, dass man nur das auswerten und wissenschaftlich kommunizieren kann, was man vorher dokumentiert hat. Das klingt banal, wir alle haben aber genau an dieser Stelle schon Fehler gemacht und sprechen die einzelnen Punkte daher explizit an.

Zu guten wissenschaftlichen Praxis gehört die Dokumentation aller Laborarbeiten in einem Laborbuch (auch „Laborjournal" genannt). Diese muss – ebenso wie die Speicherung aller Rohdaten – für zehn Jahre gesichert sein. Sorgfältig aufbewahrte und täglich aktualisierte gebundene Kladden aus Papier sind völlig in Ordnung, aber zunehmend setzen sich digitale Lösungen durch. Solche „elektronischen Laborbücher" (*electronic lab notebooks*, ELNs) gibt es sowohl von kommerziellen Anbietern wie als Open-Source-Projekte. Die Auswahl des

F. C. Roth et al., *Patch-Clamp-Technik*, https://doi.org/10.1007/978-3-662-66053-9_7

geeigneten Produkts ist nicht ganz leicht, zumal dieser Bereich sich schnell entwickelt. Viele Forschungsinstitutionen führen elektronische Laborbücher als Standard ein und stellen sie als Teil der Forschungsinfrastruktur zur Verfügung. Andere Forschungseinrichtungen verlangen (noch) physische Laborbücher. In diesem Fall kann man überlegen, ob man zusätzlich ein ELN anlegen möchte, denn die Speicherung der Metadaten und ihre Verknüpfung mit den Rohdaten und weiteren Informationen können die Arbeit sehr erleichtern.

Alle Laborbücher müssen eine zeitlich markierte, unveränderliche Dokumentation der Arbeiten erlauben. Papierversionen sollten also Seitenzahlen enthalten (und alle Einträge sollten datiert sein); elektronische Laborbücher speichern die Einträge so, dass man ihren Verlauf nachvollziehen kann. Diese strikte Chronologie darf niemals durchbrochen werden, das heißt, Änderungen werden nicht durch Überschreiben des alten Inhalts vorgenommen, sondern durch aktuell datierte Ergänzungen, die klar vom Vorherigen getrennt sind. Zur guten Praxis gehören auch die regelmäßige Kenntnisnahme und Unterschrift durch den Leiter oder die Leiterin der jeweiligen Arbeitsgruppe. Solche Routinen geben einen guten Einblick in die aktuellen Fortschritte und helfen daher bei der gemeinsamen Arbeit im Projekt. Sie führen auch zu Klarheit darüber, was alles dokumentiert werden sollte, und stellen damit eine gute Kontrolle dar. Außerdem schaffen sie, ganz automatisch, Sicherheit und Transparenz bezüglich aller erhobenen Daten, ohne dass ein Klima der Überwachung oder gar Verdächtigung entsteht, das in einer guten Arbeitsgruppe keinen Platz haben darf.

Was gehört in das Laborbuch? Allgemein gilt, dass alle relevanten Arbeiten im Labor dort dokumentiert werden müssen. Dazu gehört nicht nur das Patch-Clamp-Experiment selbst (s. unten), sondern auch das Ansetzen neuer intra- oder extrazellulärer Lösungen, Stammlösungen von Salzen oder Pharmaka, Ansatz und Pflege kultivierter Zellen, die Vorbereitung eines Tieres durch Injektionen von Viren, Implantation von Elektroden oder Verhaltenstrainings – kurz: alles, was für die gewonnenen Ergebnisse relevant ist oder sein könnte. Nützliche Hinweise findet man in den Richtlinien guter Laborpraxis oder auch in entsprechenden Methodenbüchern.

Viele Methoden werden im Verlauf eines Projekts zur Routine und müssen nur mit den versuchsbezogenen Details kurz unter dem jeweiligen Datum vermerkt werden. So wird man das Ansetzen einer neuen Charge extrazellulärer Lösung zwar dokumentieren, aber das Rezept nicht zum x-ten Mal aufschreiben. Auf zwei Dinge sollte man dabei aber achten: 1) Irgendwo muss das Rezept klar, dauerhaft und gut auffindbar gespeichert sein, am besten (auch) in elektronischer Form. 2) Sollte sich irgendetwas an der Routine geändert haben (z. B. eine Änderung der Kalzium- oder Magnesiumkonzentration), muss das natürlich ausdrücklich dokumentiert werden. Es muss zum Beispiel nachträglich völlig klar sein, bis zu welchem Tag die Messungen mit der alten Lösung durchgeführt wurden und ab welchem Tag mit der neuen (wobei „alt" und „neu" die denkbar schlechtesten Namen für die jeweiligen Ansätze wären, was spätestens bei einer weiteren Erneuerung klar wird).

Wichtig ist, dass alle Chargen und Versionen im Laborbuch dokumentiert sind. Wann habe ich eine neue Stammlösung eines regelmäßig verwendeten

Pharmakons hergestellt, wann habe ich eine Substanz neu bestellt und erstmals eingesetzt? Welcher Ansatz kultivierter Zellen wurde im Experiment verwendet? Welche Charge eines Virus habe ich den Tieren stereotaktisch injiziert? Welche Programmversion wurde für eine Messung oder Auswertung verwendet? Solche Informationen sind später sehr hilfreich, wenn Inkonsistenzen in den Daten auffallen.

Schließlich ist die Dokumentation von Tierversuchen natürlich mit besonders strikten Anforderungen und Auflagen verbunden. Da man solche Versuche erst nach entsprechender Schulung und Freigabe durch die zuständige Behörde (z. B. Regierungspräsidium oder entsprechendes Landesamt) durchführen wird, beschreiben wir das Vorgehen hier nicht im Detail. Für das Laborbuch soll aber festgehalten werden, dass eine eindeutige Identifizierung des verwendeten Tieres und damit der Bezug zur entsprechenden Antrags- oder Anzeigennummer erfolgen muss. Elektronische Laborbücher erlauben die Einbindung von Fotos, sodass man beispielsweise die Käfigkarte direkt abbilden kann (oder Fotokopien für die Papierversion).

7.1.1 Dokumentation des Patch-Clamp-Experiments

Die Daten aus einem Patch-Clamp-Experiment bestehen prinzipiell aus drei Komponenten:

1. Rohdaten von Strömen und Spannungen,
2. weiteren assoziierten Daten (z. B. Live-Bildgebung von Kalziumsignalen oder Videoaufzeichnungen des sich verhaltenden Tieres),
3. Metadaten, die alle weiteren Informationen umfassen (z. B. Datum, Art des Experiments, Charge der Zellen, Identität des verwendeten Tieres, Besonderheiten des Messprotokolls, Einstellung von Geräten). Wenn wichtige Mit- oder Zuarbeiten von anderen Personen im Spiel waren, sollte das ebenfalls dokumentiert werden.

Alle diese Daten müssen für mindestens zehn Jahre gespeichert werden, und zwar so, dass man sie problemlos wiederfinden und Zusammengehöriges miteinander verbinden kann (insbesondere Roh- und Metadaten). Dafür gibt es leider keine allgemein verwendbare Patentlösung, aber einige Regeln, die das Leben sehr erleichtern können.

Rohdaten von Strömen und Spannungen: Die digitalisierten Strom- und Spannungswerte aus dem Patch-Clamp-Experiment liegen in der Regel im vorgefertigten Format des jeweiligen Aufnahmeprogramms vor. Generell empfehlen wir, eher mehr als weniger zu speichern, das heißt auch missglückte Versuche, routinemäßige Messungen passiver und aktiver Membraneigenschaften (Abschn. 2.1), ausreichend lange Baseline-Messungen vor einer Intervention, die Auswaschphase von Substanzen usw. Speicherplatz in den hier relevanten Größenordnungen ist nicht teuer, sodass eine möglichst lückenlose Erfassung sich immer lohnt. Wenn bei der Auswertung unerwartete Fragen auftauchen, ist man für diese Vollständigkeit auf jeden Fall dankbar.

▶   *Tipp* Viele Versuche scheitern, das heißt, es kommt keine brauchbare Ableitung zustande, oder die Zelle zeigt nicht die Funktionen, die man eigentlich untersuchen will. Oft werden solche Experimente einfach ignoriert. Manchmal stellt sich aber die Frage, in wie vielen Fällen ein Experiment überhaupt gelungen ist. Wie viele der gemessenen Neurone zeigten bei Stimulation afferenter Fasern postsynaptische Potentiale? Wie viele Zellen wurden gemessen, ohne dass eine bestimmte Stromkomponente nachweisbar war (man denke an die Untersuchung einer *Loss-of-Function*-Mutante)? In solchen Fällen ist es sehr gut, wenn man auch die „Fehlversuche" genau dokumentiert hat und die Erfolgsquote des Experiments angeben kann.

Assoziierte Daten: Heterogene, multimodale Datensätze aus einzelnen Experimenten sind ein häufiger Fall in der Elektrophysiologie. Oft zeichnet man neben den Patch-Clamp-Daten auch andere Signale und Parameter auf, zum Beispiel extrazelluläre Potentiale, Kraftmessungen von Muskelzellen, Fluoreszenzbilder kalziumsensitiver Farbstoffe. Manche dieser Daten lassen sich über zusätzliche Kanäle vom selben Analog-Digital-Wandler und Aufnahmeprogramm erfassen, mit dem auch das Patch-Clamp-Experiment durchgeführt wird. Dies erleichtert enorm die Auswertung auf Basis einer gemeinsamen Zeitachse – die (jeweils korrekt benannten und kalibrierten) Daten stehen unmittelbar parallel zu den Patch-Clamp-Daten zur Verfügung und können mit diesen korreliert werden. Beispiel: Wie verhielten sich die Membranströme eines Neurons (Patch-Clamp) während einer Netzwerkoszillation der betreffenden Hirnregion (extrazelluläres Feldpotential)?

Komplexer wird es, wenn die Daten unabhängig voneinander erfasst und in jeweils anderen Programmen, Dateiformaten oder anderer zeitlicher Auflösung *(sampling rate)* abgelegt werden. Dies ist besonders häufig bei der Kombination von Elektrophysiologie mit bildgebenden Verfahren der Fall. Es können aber auch ganz andere Daten hinzukommen, zum Beispiel Resultate aus Verhaltensversuchen und histologische Befunde. Bei Messungen in Echtzeit (*Live Imaging*, zeitkritischen Verhaltenstests usw.) entsteht regelmäßig das Problem, die getrennt vorliegenden Datensätze in der Auswertung genau zu synchronisieren. Es gibt inzwischen Programme für die Integration heterogener Daten und eine präzise zeitliche Synchronisation *(alignment)*, aber oft werden individuelle oder gar manuelle Lösungen verwendet. Wichtig ist, sich vorher klarzumachen, mit welcher Präzision die zeitliche Zuordnung erfolgen soll: Will ich eine zelluläre Reaktion auf ein elektrisches Phänomen mit der Genauigkeit von Millisekunden erfassen, oder reicht es zu wissen, dass Substanz XY nach 10 min stabiler *Baseline*-Aufzeichnung langsam ins Bad eingewaschen und nach weiteren 20 min wieder ausgewaschen wurde? Je nach Anforderungen entstehen dann unterschiedliche Lösungen.

In den „weicheren" Fällen (langsame Substanzapplikation) können von Hand eingegebene Markierungen im Aufnahmeprogramm oder gar freie Vermerke von Zeiten im Laborbuch verwendet werden (nicht empfohlen). In den üblichen Steuerprogrammen von Patch-Clamp-Experimenten lässt sich der Zeitpunkt einer Manipulation auf einem separaten „Marker"-Kanal festhalten. Viele selbstständige Komponenten wie Stimulatoren der Applikationsvorrichtungen können 3–5-V-Rechteckpulse (sogenannte TTL-Pulse) generieren, die man auf einem eigenen Kanal in die Aufzeichnung des Patch-Clamp-Experiments einspeist. Bei optischen Messungen kann ein Lichtblitz ähnliche Funktionen übernehmen, soweit er das Experiment nicht stört (evtl. Infrarot verwenden). Solche Signale können helfen, verschiedene Modalitäten nachträglich zu synchronisieren. Diese Lösungen sind oft aufwendig und ungenau, aber nicht immer zu umgehen. Die technische Entwicklung geht jedoch dahin, heterogene Daten möglichst präzise und standardisiert zusammenzuführen – entsprechende Programme oder Skripte liegen publiziert vor (z. B. Spacek et al. 2008; Sellers et al. 2021; Szell et al. 2020) und sind in der Regel frei über Internetseiten der Forschungseinrichtungen oder in Repositorien (pypi.org, open-neuroscience.com, github, MATLAB Central File Exchange) zugänglich.

Art und Umfang der assoziierten Daten unterscheiden sich je nach experimentellem Ansatz stark, sodass sich ganz verschiedene, aber zusammengehörende Dateien ansammeln. Wichtig ist auf jeden Fall, dass die Zuordnung zwischen den verschiedenen Datensätzen eindeutig ist, sodass die Patch-Clamp-Daten einer Zelle den entsprechenden Daten aus Kameraaufnahmen *(Live Imaging)* oder später hinzukommenden histologischen Bildern klar zugeordnet werden können. Dazu tragen sinnvolle Dateinamen sowie eine übersichtliche Verzeichnisstruktur bei der Speicherung bei (s. unten).

Metadaten: Die modernen Programme zur Steuerung der Patch-Clamp-Messungen speichern selbst bereits Informationen über die eigentlichen Messdaten hinaus, also sogenannte Metadaten. In der Regel werden Parameter wie die Kalibrierung der einzelnen Kanäle, Verstärkungsfaktoren, im Programm einstellbare Filter und Digitalisierungsrate usw. bereits automatisch erfasst. Allerdings sollte man sich darüber unbedingt Klarheit verschaffen! Es gibt viele weitere Faktoren, die nicht direkt in den aufgenommenen Dateien enthalten sind und entweder in Kommentarfeldern des Programms oder separat im Laborbuch festgehalten werden müssen. Wir listen hier als Anregungen für eigene Listen einige Punkte auf:

- Datum
- Evtl. Uhrzeit (zirkadiane Rhythmik, tageszeitliche Temperaturschwankungen!)
- Art des Experiments, Messreihe
- Name(n) und Pfad des oder der jeweils abgespeicherten Datei(en) mit den Originaldaten
- Gegebenenfalls Identität des Tieres, Genehmigungsnummer des Tierversuchs
- Präparat (Zellkultur-Charge, Schnittebene des Organs etc.)

- Art der verwendeten extra- und intrazellulären Messlösungen und gegebenenfalls Zusätze
- Inkubationsprotokoll des Präparats und verwendete Aufbewahrungs- und Messkammer
- Perfusionsgeschwindigkeit und Temperatur am Präparat
- In komplexen Präparaten: Lage der Zelle(n) und Elektroden – hier empfiehlt sich ein Eintrag in eine (vorgefertigte) Skizze
- Belegung der Kanäle im Programm
- Alle Geräteeinstellungen, die nicht vom Programm automatisch erfasst werden:
  - Einstellungen externer Filter
  - Einstellungen externer Zwischenverstärker
  - Werte von Kapazitäts- und Brückenkompensation (und deren Änderungen im Verlauf des Experiments!)
  - Eingestellte Parameter (Dauer, Reizstärke) elektrischer oder optischer Stimulationsgeräte
- Äußere Faktoren, zum Beispiel die Raumtemperatur (sehr wichtig, wenn diese sich während des Tages oder innerhalb längerer Messreihen jahreszeitlich ändert)
- Namentliche Zuordnung und Aufbewahrungsort histologischer Präparate, die aus dem Experiment entstanden sind
- Alle Manipulationen während des Experiments (z. B. Applikation von Substanzen)

Wichtig ist, dass man seine „Checkliste" konsequent bei jedem Versuch ausfüllt. Am besten bastelt man sich dafür ein einfaches Formblatt (elektronisch oder auf Papier), sodass man im Eifer des Experiments nichts vergisst (Abb. 7.1).

7.2   Was soll man wo speichern?

Zusammengehörige Daten gehören zusammen! Also ist es wichtig, die Metadaten und die eigentlichen Messdaten (sowohl die Patch-Clamp-Messwerte als auch weitere Datensorten) zusammenzubringen. Es gibt erste Ansätze, dies mithilfe elektronischer Laborbücher zu leisten, die kleinere Datenformate im Original speichern können und zugleich auf den jeweiligen Speicherort der großen Datenfiles verweisen. Bisher existiert aber noch keine Standardlösung, sodass wir uns auf den Hinweis beschränken, dass man experimentelle und Metadaten so speichern sollte, dass der Bezug zwischen allen relevanten Dateien erkennbar bleibt. Dazu gehören klug gewählte Dateinamen, eventuell auch Listen der jeweils zusammengehörigen Daten. Von fliegenden Zetteln raten wir dringend ab, Laborbücher sind schon besser, digitale Formulare oder Tabellen geben Übersicht, die Einbindung aller Angaben in ein elektronisches Laborbuch ist am besten.

Für die Speicherung der eigentlichen elektrophysiologischen Daten gelten einige Regeln, die sich aus dem oben Gesagten ergeben:

Datum: _____

Name: _____

Projekt: _____

Experiment: _____

Dateipfad: _____

Dateipräfix: _____

Tierversuchs-Nr. : _____

Tierart/-stamm: _____

Tier-ID: _____

Geburtsdatum: _____

Intra-Lsg.: _____

Extra-Lsg.: _____

Präparat: _____

Inkubation: _____

Perfusionsgeschw.: _____

Temperatur in Messkammer: _____

Kanalbelegung ADC-Ports: _____

Samplingrate: _____

Gain: _____

Filter:

Datei-Nr.	Kanal	Modus	RMP	V(c)/V(m)	I(h)/I(c)	Kap	Rs
Notizen:							
Notizen:							
Notizen:							
Notizen:							

Offsetänderung nach Exp.:

Kanal-Nr.:		
Abweichung (mV):		

Abb. 7.1   Formblatt für ein Patch-Clamp-Experiment

- Man verwendet eine klare, einheitliche Namensgebung, zum Beispiel eigenes Namenskürzel, invertiertes Datum (zur automatischen Sortierung nach Alter der Messung), Nummer der Zelle oder der Aufzeichnung („NN_JJJJMMTT_ Nr.Dateiendung")
- Wenn man während der Aufzeichnung die Messwerte bereits stark prozessiert (z. B. durch Filterung), sollte man parallel auch die unveränderten Rohdaten abspeichern. Wenn sich Komplikationen oder neue Fragen ergeben, kann man dann eine ganz neue (digitale) Filterung und Auswertung vornehmen.

- In aller Regel wird man die Daten zunächst auf einem lokalen „Messrechner" speichern, auf dem meist auch das Steuer- und Aufnahmeprogramm der Patch-Clamp-Messung läuft. Später (möglichst am selben Tag!) werden sie auf einem Datenserver abgelegt, der entweder Teil des Labors oder einer übergeordneten Infrastruktur ist (z. B. Rechenzentrum der Universität). Wichtig ist, dass man sich Klarheit über Ort, Speicherdauer und Sicherheit (Backup-Regelung!) dieser zentralen Speicher verschafft.
- Wenn der Transfer zum Server durchgeführt und überprüft (!) wurde, kann man den lokalen Laborrechner wieder freiräumen. Er läuft sonst unweigerlich voll und wird, besonders bei Nutzung durch mehrere Personen, schnell sehr unübersichtlich.
- Spätestens bei der zentralen Speicherung jenseits des Laborrechners sollte man eine übersichtliche, gut nachvollziehbare Struktur von Datei- und Ordnernamen verwenden. Daten aus einheitlichen Messreihen gehören zusammen, und die entsprechenden Verzeichnisse sollten intuitive Namen haben.

▶ Mit der Zeit häufen sich oft große Datenmengen an, die nicht alle aktuell bearbeitet werden müssen. Der routinemäßig verwendete Server stößt dann entweder an seine Grenzen, oder es werden hohe Gebühren für den Speicherplatz fällig. Wenn es verschiedene Speicheroptionen gibt, empfiehlt es sich, zwischen reiner Ablage und aktuell zu bearbeitenden Daten zu trennen. Massenspeicher mit hoher Kapazität, aber geringerer bzw. langsamerer Verfügbarkeit der Daten, bieten eine billige Lösung für die langfristige Ablage (10 Jahre Dokumentationspflicht bedenken!). Die aktuellen Daten legt man dann zusätzlich auf einen „Analyse-Server" mit schneller Verfügbarkeit der Daten ab. Manchmal bieten örtliche oder überregionale Rechenzentren auch Server mit besonders hoher Rechenkapazität an, die man als *number cruncher* für besonders aufwendige Analysen einsetzen kann.

7.3   Offenheit und Transparenz

In den letzten Jahren hat sich in allen Wissenschaften die Forderung durchgesetzt, dass wissenschaftliche Daten – zumindest solche aus öffentlichen Institutionen – allgemein und frei zugänglich sein sollten. Dies hat verschiedene, gut nachvollziehbare Gründe. *„Open Science"*

- trägt zu einem vollständigeren Bild des Wissensstands in einem Fachgebiet bei,
- wirkt der verbreiteten Ignoranz gegenüber „negativen Befunden" entgegen und vermindert die entsprechende Verzerrung der Datenlage,
- ermöglicht originelle, von den Experimentierenden ursprünglich gar nicht bedachte Auswertungen der Daten durch Dritte,
- erlaubt es, Daten aus vielen verschiedenen Laboren zu großen, sehr mächtigen Datensätzen zusammenzufassen, die ganz neue Aussagen ermöglichen,

- schützt die *Community* vor wissenschaftlichem Fehlverhalten Einzelner,
- schützt die jeweiligen Experimentierenden vor entsprechenden Anschuldigungen.

All dies spricht dafür, die eigenen Daten allgemein nutzbar zu machen, spätestens mit Erscheinen der entsprechenden Publikation. Vorher möchte man möglicherweise die Konkurrenz nicht auf die eigenen Ergebnisse aufmerksam machen. Dieses Problem wird allerdings durch frei zugängliche Repositorien entschärft, zum Beispiel BioRxiv oder MedRxiv, den Online-Archiven des Cold Spring Harbor Laboratory (https://www.biorxiv.org/ bzw. https://www.medrxiv.org/). Dort kann man ein fertiges Manuskript oder einen fortgeschrittenen Zwischenstand noch vor der eigentlichen Publikation ablegen. Damit steht die Entdeckung der gesamten Community zur Verfügung, und die eigene Priorität ist dokumentiert. Es gibt hier kein *Peer-Review*-Verfahren, sondern lediglich eine allgemeine Überprüfung auf Plagiate oder unangemessene Inhalte. BioRxiv und ähnliche Dienste bieten die Möglichkeit zu Kommentaren und Diskussionen, die zur Verbesserung des Manuskripts beitragen können. Außerdem erlauben sie, durch Verlinkung mit weiteren Plattformen (z. B. Twitter oder LinkedIn) die eigene Arbeit weithin bekannt zu machen.

▶ **Tipp** Die meisten Zeitschriften mit *Peer-Review*-Verfahren akzeptieren Vorabpublikationen in Archiven wie den oben genannten. Allerdings sollte man sich vergewissern, dass dies konkret für das Journal zutrifft, an das man den Artikel schließlich senden will (und ggf. auch für die zweite Wahl, falls man sich eine Ablehnung einfängt …). Manche Zeitschriften erlauben sogar, ein Manuskript direkt von BioRxiv aus zur offiziellen Einreichung hochzuladen.

Während die oben beschriebenen Repositorien vorwiegend Texte sammeln, gehört es inzwischen zur Kultur der *Open Science*, auch Rohdaten oder Abbildungen zum Download frei zur Verfügung zu stellen. Viele Journale verlangen dies bereits beim Einreichen des Manuskripts, spätestens aber mit Erscheinen des Artikels. Das althergebrachte „*Data will be made available on reasonable request*" wird wohl künftig nicht mehr ausreichen (Ascoli et al. 2017). Aber wie und wo macht man das sinnvollerweise? Hier helfen Leitlinien und Kriterien, die in den letzten Jahren von verschiedenen Fachgesellschaften und Gremien erstellt wurden. Da das Gebiet sich rapide entwickelt, sollte man sich stets über die aktuell geeigneten Repositorien informieren. Konkrete Hinweise, aber auch direkte Zugänge zu entsprechenden Datenbanken, finden sich zum Beispiel bei der International Neuroinformatics Coordinating Facility (INCF; https://www.incf.org) (Abrams et al. 2022), dem in Deutschland ansässigen Bernstein Network for Computational Neuroscience (BNCN; https://bernstein-network.de/) und der EBRAINS-Initiative des europäischen Human Brain Project (https://ebrains.eu). Es gibt auch spezialisierte Suchmaschinen für Daten oder Datenrespositorien (z. B. https://data-setsearch.research.google.com).

Ein bislang ungelöstes Problem ist die fehlende Standardisierung von Daten. Experimente werden meist in laboreigenen Varianten durchgeführt, die schlecht mit anderen Laboren vergleichbar sind; Daten werden mittels verschiedener, oft proprietärer Software erhoben und in den entsprechenden Formaten gespeichert; Metadaten sind so gut wie gar nicht standardisiert; schließlich treten in experimentellen Kontexten verschiedenste Kombinationen von Datentypen auf, deren Zusammenführung schon im eigenen Labor ein Problem darstellen kann, von der internationalen Community ganz zu schweigen. Verschiedene Organisationen bemühen sich aktiv darum, Standards und *Best-Practice*-Beispiele zu generieren (Teeters et al. 2015; Rübel et al. 2022). Oft arbeiten die Initiativen aber leider parallel und nicht abgestimmt, sodass nur in wenigen Spezial-disziplinen allgemein akzeptierte Standards entstanden sind. Meist sind dies Fach-bereiche mit recht einheitlicher Datenstruktur, wie zum Beispiel die funktionelle Bildgebung am Menschen. Für die Elektrophysiologie kann man sich über die in Tab. 7.1 genannten Links sowie über die oben genannten Organisationen INCF, BNCN und die EBRAINS-Initiative informieren.

Die Forderung nach Offenheit und Transparenz hat zur Entwicklung der FAIR-Prinzipien geführt, die ursprünglich von einer Bottom-up-Initiative zahlreicher Wissenschaftler/innen, Archivar/innen, Herausgeber/innen und forschungs-fördernder Institutionen formuliert wurden und inzwischen breite internationale Anerkennung genießen (Wilkinson et al. 2016). Ihre Implementierung wird in Deutschland, Frankreich und den Niederlanden unter anderem von der GO FAIR Initiative (https://www.go-fair.org/) vorangetrieben, an der auch das Bundes-ministerium für Bildung und Forschung (BMBF) beteiligt ist. Ähnliche Strukturen und Initiativen finden sich auch in anderen Ländern. Die FAIR-Prinzipien besagen, dass Daten vier Eigenschaften genügen sollten:

- **Auffindbar** *(findable):* Sie müssen eindeutig gekennzeichnet und mit umfassenden, klar zugeordneten Metadaten versehen sein. Sie müssen an einem Speicherort (Repositorium) liegen, in dem sie so registriert sind, dass man sie suchen und finden kann.
- **Zugänglich** *(accessible):* Daten und Metadaten müssen mithilfe eines Protokolls/Programms abgerufen werden können, das kostenlos zugänglich ist und gegebenfalls ein geregeltes Verfahren zur Autorisierung von Nutzern ent-hält. Metadaten sollen dauerhaft zugänglich bleiben, auch wenn die Original-daten es nicht mehr sind.
- **Interoperabel** *(interoperable):* Daten und Metadaten sind in einer Form oder Sprache gespeichert, die in der Wissenschaft allgemein bekannt und anwendbar ist. Sie verweisen, wo nötig, auf weitere Daten.
- **Wiederverwendbar** *(reusable):* Daten und Metadaten werden so ausführlich dokumentiert, lizenziert und mit allen nötigen Informationen versehen, dass sie jederzeit durch Dritte nutzbar sind. Dazu gehört die Befolgung domänenspezi-fischer Standards, in unserem Fall also die Anforderungen und Gewohnheiten der „Patcher".

Tab. 7.1 Adressen einiger gebräuchlicher Repositorien

Name	Webadresse	Datenart	Organisation
Figshare	https://figshare.com	Sehr vielfältig: Abbildungen, Rohdaten, Manuskripte	Digital Science/ Springer Nature
Zenodo	https://www.zenodo. org	Verschiedenste Datensätze aus individuellen oder gruppenweise koordinierten Projekten	CERN, OpenAIRE, EU-Kommission
GitHub	https://github.com	Überwiegend Verwaltung von Programmen und Programmversionen, Open Source und interaktives Programmieren sind möglich	Microsoft
Neurodata Without Borders (NWB)	https://www.nwb.org	Allgemeiner Standard für neurobiologische Daten; Verweise auf zahlreiche öffentlich zugängliche Datensätze	Verschiedene Stiftungen und Sponsoren
Scientific Data	https://www.nature. com/sdata/	Allgemeine elektronische Zeitschrift, die kurze Beschreibungen offen zugänglicher Datensätze publiziert	Springer Nature
G-Node	https://www.g-node. org	Plattform für das Teilen von Daten, Formaten und Analysetools; bietet Schulungen, Data Sharing und Analysetools	INCF, BMBF, LMU München

Das Ganze mag ein wenig abstrakt klingen, aber die Intention ist klar: Daten sollen der wissenschaftlichen Gemeinschaft für eine dauerhafte Nutzung durch jede und jeden zur Verfügung stehen. Das Teilen von Daten ist zunehmend ein verpflichtender Bestandteil bei Förderung durch öffentliche Gelder. Es ist klar, dass dies mit einem gewissen Aufwand verbunden ist und dass es einer ausgereiften Infrastruktur bedarf, zu der neben technischen Voraussetzungen vor allem die Definition domänenspezifischer Standards, die Einrichtung von Interfaces für Ablage und Abruf der Daten und nicht zuletzt die Schulung der Community gehören. *Data Science* und *Data Management* entwickeln sich zu neuen, anspruchsvollen Berufsfeldern. Für uns als Anwender gilt es, die Augen offen zu halten und die Ressourcen zu nutzen, die den FAIR-Prinzipien entsprechen und von glaubwürdigen Institutionen empfohlen werden. Auch hier bieten die oben genannten Organisationen Schulungen an, ebenso wie zunehmend die Universitäten selbst.

Literatur

Abrams MB, Bjaalie JG, Das S et al (2022) A Standards Organization for Open and FAIR Neuroscience: the International Neuroinformatics Coordinating Facility. Neuroinform. https://doi.org/10.1007/s12021-020-09509-0

Ascoli GA, Maraver P, Nanda S, Polavaram S, Armananzas R (2017) Win-win data sharing in neuroscience. Nat Methods 14:112–116

DFG:https://www.dfg.de/foerderung/grundlagen_rahmenbedingungen/forschungsdaten/

FAIR-Prinzipien: https://www.go-fair.org/go-fair-initiative/

Martin, Spacek (2008) Python for large-scale electrophysiology. Front Neuroinform 210.https://doi.org/10.3389/neuro.11.009.2008

Oliver, Rübel Andrew, Tritt Ryan, Ly Benjamin K, Dichter Satrajit, Ghosh Lawrence, Niu Pamela, Baker Ivan, Soltesz Lydia, Ng Karel, Svoboda Loren, Frank Kristofer E, Bouchard (2022) The Neurodata Without Borders ecosystem for neurophysiological data science. eLife 11e78362. https://doi.org/10.7554/eLife.78362

Sellers KK, Gilron R, Anso J et al. (2021) Analysis-rcs-data: Open-source toolbox for the ingestion, time-alignment, and visualization of sense and stimulation data from the medtronic summit rc+s system. Front Hum Neurosci 15:714256. https://doi.org/10.3389/fnhum.2021.714256

Szell A, Martinez-Bellver S, Hegedus P, Hangya B (2020) Opeth: Open source solution for real-time peri-event time histogram based on open ephys. Front Neuroinform 14:21. https://doi.org/10.3389/fninf.2020.00021

Teeters JL, Godfrey K, Young R, Dang C, Friedsam C, Wark B, Asari H, Peron S, Li N, Peyrache A et al (2015) Neurodata without borders: creating a common data format for neurophysiology. Neuron 88:629–634

Wilkinson MD, Dumontier M, Aalbersberg IJJ, Appleton G et al (2016) The FAIR Guiding Principles for scientific data management and stewardship. Scientific Data. 3:160018. https://doi.org/10.1007/s12021-020-09509-0

Stichwortverzeichnis

Printed in the United States
by Baker & Taylor Publisher Services